国家出版基金项目
NATIONAL PUBLICATION FOUNDATION

沧海云帆：
中国近现代海军图集大全④

海军抗战

R.O.C. NAVY IN WAR

民国抗战舰船图集 1931—1945

The Atlas of ROCN Ships in Sino-Japanese War 1931–1945

作者/插画 姚开阳

上海社会科学院出版社
SHANGHAI ACADEMY OF SOCIAL SCIENCES PRESS

图书在版编目（CIP）数据

海军抗战：民国抗战舰船图集：1931—1945 / 姚开阳著. -- 上海：上海社会科学院出版社，2018
（沧海云帆：中国近现代海军图集大全）
ISBN 978-7-5520-2231-5

Ⅰ. ①海… Ⅱ. ①姚… Ⅲ. ①军用船—中国—民国—图集 Ⅳ. ① E925.6-092

中国版本图书馆 CIP 数据核字 (2018) 第 020207 号

海军抗战：民国抗战舰船图集 1931—1945

作　　者：姚开阳
责任编辑：黄飞立
封面设计：王　川
出版发行：上海社会科学院出版社
上海市顺昌路 622 号　邮编 200025
电话总机 021-63315900　销售热线 021-53063735
http://www.sassp.org.cn　E-mail:sassp@sass.org.cn
印　　刷：上海展强印刷有限公司
开　　本：890×1240 毫米　1/16
印　　张：16
字　　数：70 千字
版　　次：2018 年 5 月第 1 版　2018 年 5 月第 1 次印刷

ISBN 978-7-5520-2231-5/E·016　　定价：198.00 元

作者序

《海军抗战》是《中国近现代海军图集大全》的第四集，时间段从1931年九一八事变起，到1945年抗战胜利第二次世界大战结束止，横跨十四年，也就是所谓“十四年抗战”期间。有别于一般习称的“八年抗战”，以“九一八”日本占领东北作为抗战的起点，应该更符合中国人的认知。

抗战是中国近现代史上规模最大、范围最广的一场战争，影响后世至今，但在抗战中，中国海军能够表现的机会并不多，传统的舰对舰海上决战也没有出现过，日军的飞机空袭就让中国海军舰艇几乎损失殆尽。不过这也不全是负面意义，几乎全军覆没的惨重损失，反而让过去海军中根深蒂固的派系也随之消亡，为战后重建“新海军”创造了契机。

本书的篇章包括《中央海军》《电雷学校与快艇大队》《海军抗战事件簿》《伪满洲国江上军与海警队》《汪精卫伪政权海军》。在《中央海军》中因为谈及“南京国民政府的黄金十年海军建设”，所以时间会提早到1927年。而中国早年的四支海军中，东北海军与广东海军已经在上一集《五色共和》中介绍过了，请另行参阅，本集介绍中央海军以及电雷学校与快艇大队。这是根据具体介绍对象，或采用“从舰”原则，或采用“从时间轴”原则造成的。

譬如本集中《海军抗战事件簿》的内容排列是“从时间轴”，因为那是以事件为主，必须按时间顺序来排列，许多舰只难免会反复出现。其他各篇仍是以“从舰”为主，即单一舰尽量从始到终都在同一篇章内介绍。但即使是从舰，仍要按时间轴，也就是成军的先后顺序，并且将没有建成的舰只放在最后。不过有一个例外。由于本集中出现了伪满洲国江上军、海警队与汪精卫伪政权海军，他们所使用的舰艇许多原来属于东北海军或是中央海军，就不免两边都会出现了，只不过一个偏重前半生，一个偏重后半生。

本集中有许多过去鲜为人知的秘辛以及很有戏剧化的故事，譬如“订购德国潜艇的合步楼案”“出云舰的恩怨情仇”“陈策的香港脱走”，不但有引人入胜的文字故事，还有许多罕见的历史照片与水彩插画。抗战也涉及许多其他国家的舰艇，只要事件发生在中国，或是自中国出发，也是本书涉猎的对象，所以添设了一个“列强与抗战”的篇章。

本集的时间段到1945年8月日本投降为止，至于战后日本的投降舰与赔偿舰，以及英、美援赠舰，将会在以后的书系中介绍。由于本书是图集，以插画和历史照片为主，文字部分相对精简，对于舰船技术资料与历史事件的背景不作过多展开，如果读者有兴趣希望了解更多，坊间有许多以文字和技术数据为主的书籍可以参考，本书就不再重复其内容。

去年是抗战全面爆发八十周年，今年出版《海军抗战》图集因此具有了特别的意义。一如之前各集，本集有50多幅精致的舰船水彩插画创作，以及许多罕见的高清晰度历史照片。不仅如此，本书还有许多独到的见解、颠覆传统说法的翻案文章，甚至是第一次曝光的秘辛。我们有心将中国近现代海军与舰船的历史用图像全部串联起来，如果没有现场照片，就用水彩插画来作补充。这是一项浩大的工程，我们义无反顾投入，希望您能支持。

我们是以“决定版”的心情在做这本书，期待您也以“决定版”的心情来收藏它。

中国军舰博物馆馆长

姚开阳

目 录

海军抗战

抗日战争是中国近代史上规模最大，也是最惨烈的一场战争。在这场大战中，相对于陆、空军，中国海军的角色是最弱的，一方面是由于中、日两国之间海军实力的巨大差距，另一方面是因为战场的地理特性，双方的舰艇都难有用武之地。中国海军抗战最常被提到的就是布雷战，但抗战中的布雷更像是陆军的作战行动而非传统认知的海上水雷战，布雷队也受到陆军战区的节制。抗战期间甚至由于补给中断，海军多年没有配发制服，许多人都是穿着陆军制服度过抗战岁月的，其实等于是“陆军化”了，这也是弱国海军的悲哀。

日本海军对中国舰艇的航空作战

整个抗战期间，中日海军舰对舰的战斗除了在广东虎门要塞发生“海周”号与“肇和”号对日军“夕张”号轻巡洋舰及两艘驱逐舰的那场海战外，在其他战区几乎未曾发生。以长江为例，江阴封锁线限制了日本大型军舰的进出，而在江河之中回旋空间小，很容易让高价值的军舰被岸炮、飞机、水雷甚至特工所暗算，或者因水文不熟悉而搁浅，或者因敌人在下游阻塞航道而被瓮中捉鳖，即使日本愿意冒如此大的风险，所面对的又都是些性能低下而且老旧的中国舰艇，实在不值得冒险出动大舰，海军航空飞机反而更为适合。飞机在空域有充分自由的活动空间，可以轻易跨越封锁线，轰炸躲在其后的中国舰艇，中方舰艇反而被局限在江河水域机动困难，无所遁逃，加上军舰防空火力贫弱，所以抗战期间绝大部分损失的中国舰艇都是被日军飞机击毁击沉的。

日本海军航空队在中国战场所得到的实战经验对日后参加太平洋战争很有帮助，譬如1941年12月10日在马来亚击沉英国Z舰队两艘战列舰的日本海军航空队就曾经在中国作战。

“咸宁”号于 1938 年 6 月 30 日在九江水域施放水雷时被 7 架日机击伤，勉强驶到武穴日清码头。次日 16 架日机再度来袭，“咸宁”号再次中弹，与并泊的趸船一起沉没，同时被击沉的还有“长宁”号炮艇。（请参阅“咸宁”/ 第 58 页）

1937 年 11 月 17 日，国民政府主席林森携带国玺、重要档案及 1000 多位国民政府官员登上已在江面守候多时的“永绥”号离开南京前往重庆，从这时起重庆成为抗战的陪都。为了这一天，“永绥”号早在 1935 年 9 月就已先行试航过。（请参阅“永绥”/第 62 页）

“民权”号在抗战时退守四川，卸除原来的 120 毫米主炮移交岸上炮台，艏艉各换装一门日本制“三年式”76 毫米高射炮，担任重庆防空舰以及各海校的练习舰。（请参阅“民权”/ 第 68 页）

1935年，台湾举行“始政40周年庆祝博览会”，时任福建省主席的陈仪率福建省政府官员组团前往台湾参观，一行人从马尾搭乘“逸仙”号抵达基隆。（请参阅“逸仙”/第75页）

“逸仙”号在江阴海空战中曾以舰艏的150毫米主炮击落日军来袭的飞机，但此事从技术角度来说可能性不高，而且缺少有力的证据，所以暂时存疑。（请参阅“逸仙”/第75页）

“逸仙”号被日军打捞整修后送交潜水学校作为练习舰，并改名为“阿多田”号。本插画表现该舰在日本时期的状况，外观最大的特征是增加了舰楼。（请参阅“逸仙”/第76页）

1949 年 4 月，“逸仙”号（舰长宋长志）与“信阳”号（舰长白树绵）在江阴要塞守军起义时曾双双被扣留，后靠悬白旗诈降才趁机脱逃。“逸仙”舰长宋长志到台湾后曾担任“海军总司令”、“参谋总长”及“国防部长”。（请参阅“逸仙”/ 第 76 页）

“逸仙”号战后回归中国海军，参加过国共内战，在国民党海军实行舰艏编号后还获得了“78”的舷号，最后在台湾退役拆解。当时海军舰队官兵对“逸仙”号最深刻的印象就是她有两个硕大的烟囱，冒出浓密的黑烟，可以污染整个港区舰船的甲板。（请参阅“逸仙”/第76页）

“宁海”号巡洋舰与“宁海1号”舰载机在协同演练。

“宁海”号的机库能搭载两架水上飞机。其中“宁海1号”是日本爱知公司制造的AB-3型，是为了能够塞入“宁海”号较小的机库而特别设计的粗短机身。而“宁海2号”则是用日本的备份发动机在江南造船厂制造的，与“宁海1号”不同，采取机翼可折叠式样，所以机身较长。

“宁海”号与“平海”号虽说是姊妹舰，但只有“宁海”号可以搭载水上飞机，因为她带有实验性质，而以实战需求为主的“平海”号就没有配备水上飞机。（请参阅“宁海、平海”/第87页）

“民生”号被日军俘虏后改装为修理舰并改名“飞渡濑”号。1941 年 12 月 5 日与“宇治”号、“桥立”号等军舰南下广东，参加香港攻略作战。（请参阅“民生”/ 第 83 页）

“宁海”号在1934年曾因参加日本海军元帅东乡平八郎的国葬而访问日本。“宁海”号是在前往威海卫参加演习途中临时接到命令的，当抵达门司港时已是6月3日的深夜，由于葬礼将在5日举行，吊唁代表团与水兵仪仗队在6月4日晨先从门司搭乘火车赶赴东京，“宁海”号则直到6月7日才开进横滨港，已是葬礼之后两天。（请参阅“宁海、平海”/第88页）

1937年7月抗战全面爆发。8月，中国海军在江阴封锁线后排出以“逸仙”号在前，“宁海”号与“平海”号两舰分居左右，“应瑞”号殿后的方形布阵。9月22日，日本海军出动12架“九二舰攻”、6架“九五舰战”前来空袭，由于缺少实战经验，使用30公斤炸弹采取水平轰炸方式，虽然击伤各舰多处，但未能击沉任何一艘。(请参阅“宁海、平海”/第90页)

24

“平海”号在江阴被击沉后，日本人将其浮扬，拆除上层结构以增加稳定性，再以自身动力驶回江南造船厂整修。由于自长江进入黄浦江抵达高昌庙的江南造船厂一定会经过外滩，因此许多中外人士在黄浦江边目睹了“平海”号刚刚经过战火洗礼的惨状。（请参阅“宁海、平海”/第90页）

1937 年 9 月 23 日江阴海空战斗的第二天，日军根据前一天的作战情况改变了战术，以俯冲轰炸取代水平轰炸，并换用 60 公斤炸弹，“宁海”号见势不妙，赶紧砍断锚链向上游机动，日机紧追不舍。最终，“宁海”号因中弹进水过多向右侧倾翻，搁浅于江北。（请参阅“宁海、平海”/第 90 页）

太平洋战争末期，为了弥补战争的损失，日本海军重新征调“宁海”号（当时已被日军改名“御藏”号），改造工程在播磨造船相生工厂进行，包括大幅缩小上层结构，拆除6门140毫米主炮，改装2门127毫米高平两用炮，完工后改名“五百岛”号，列为二等巡洋舰，于1944年6月28日开赴战场。当年9月19日，“五百岛”号在御前崎南方八丈岛被美国潜艇“西鲱”号（USS Shad，舷号SS-235）击沉，全体舰员包括舰长福地秋二少佐都随舰而亡。（请参阅“宁海、平海”/第91页）

“八十岛”号（原中国海军“平海”号）于1944年11月25日在吕宋岛被美国海军轻型航母“兰利”号（USS Langley，舷号CVL-27）的舰载鱼雷机以鱼雷击中舰艉而沉没。（请参阅“宁海、平海”/第87页）

陈绍宽随孔祥熙访问德国时订购了五艘IIC型潜艇，并派出80名学员先使用德国海军的IIB型潜艇进行训练，但最终因德、意、日轴心同盟成立，德国未能交货。本案被称作“合步楼案”，一直到了退守台湾后，蒋介石还想向德国追讨当年陈绍宽已付的1000万马克订金。（请参阅“订购德国潜艇的合步楼案”/第128页）

电雷学校的英国制CMB-55型鱼雷艇可以用火车在内陆转运，机动性很高。（请参阅“电雷学校与快艇大队”/第139页）

1938年9月，电雷学校快艇大队的“岳371”号与“岳253”号两艘鱼雷艇联袂溯江上驶，撤到四川万县三斗坪等地驻防。快艇大队岳飞中队的德国制S型鱼雷艇比英国制造的CMB-55型鱼雷艇体积要大得多，所以无法进行火车运输。（请参阅“岳22、岳253、岳371”/第147页）

位于上海四川北路，盖得像座巨大碉堡的日本海军特别陆战队司令部于1929年竣工，一楼的车库停放有多辆坦克与装甲车，机动力与火力远远超过当时的日本陆军。

1937年8月13日淞沪会战爆发，蒋介石派出的三个精锐德械师就是以这幢建筑为攻击目标。日本上海特别陆战队司令部的这幢建筑今天还在，地址为虹口区东江湾路1号。(请参阅“淞沪会战”/第158页)

1937年8月16日晚间8时，电雷学校快艇大队的英国制CMB型鱼雷快艇“史102”号在艇长胡敬端率领下伪装成民船由内河潜入黄浦江，在经过三道沉船阻塞线后，避开英、法、意各国舰艇的监视，冲向正停泊在日本邮轮码头的日本第三舰队旗舰“出云”号，在距离300米处以50度射角发射了两枚鱼雷，一枚击中防雷网，炸毁了敷网的驳船，一枚则击中岸壁。这是海军在抗战中少见的主动攻击行动，可惜未能成功，接着“史102”号被“出云”舰的炮火击中燃料柜，只得将机枪拆卸后弃船。（请参阅“出云舰的恩怨情仇”/第161页）

1937 年 8 月 14 日，中国空军飞机在空袭日军舰队旗舰“出云”号时，因高度计算错误，两枚炸弹落在外滩的南京路沙逊大厦与汇中饭店之间，造成超过 400 人死伤，其中包括许多西方人。当天下午，另有两架中国空军飞机在轰炸“出云”号时因炸弹挂架故障，导致炸弹落在大世界门前，这是人潮密集的闹市区，造成 1000 多人伤亡。（请参阅“出云舰的恩怨情仇”/ 第 162 页）

为了防止日军从上海溯江进攻首都南京，同时拦截长江上游的日本舰船，中国海军在江阴自沉大批征调而来的商船与海军的老旧军舰，包括“海圻”舰等。对于使用沉船构筑江阴阻塞线，许多人批评海军总司令陈绍宽失策，因为这对中国已经很微弱的航运能力造成了更加致命的打击，直到抗战胜利后都无法恢复，而其成效却并不显著。（请参阅“江阴封锁线”/第170页）

花了如此巨大代价构成的江阴阻塞线却因为行政院秘书黄浚向日方泄密而功亏一篑，上游大量的日本舰船连夜下驶逃跑，由于没有接到命令，阻塞线的海军官兵只能眼睁睁看着一艘艘日本舰船载着大批侨民通过。（请参阅“江阴封锁线”/第 171 页）

对于抗战期间航运的贡献，不能不提到民生公司总经理卢作孚。抗战爆发后，来自全国各大学与工厂的大批物资设备堆积在宜昌长江边等待撤往重庆，但轮船不够，枯水期将届，日军又即将抵达，一片混乱，是卢作孚设计出最有效的运输方式，并调动自己公司的轮船全力投入运输，才在日军抵达前把这些宝贵的物资设备抢运完毕，为继续抗战奠定了基础。（请参阅“抗战商船”/第 176 页）

1937年9月14日虎门海战中，首先应战的“海周”号与“肇和”号被日军“夕张”号巡洋舰凌厉的火炮打得体无完肤，“肇和”号重伤后撤，舰长方念祖因此被以敌前胆怯后退的罪名枪决。同样重伤的“海周”号本来要随“肇和”号后撤，却因锚机被击中，双锚落下而搁浅，日军认为煮熟的鸭子飞不掉，就暂时放过“海周”号，转而掩护“甘丸”号运输舰搭载的陆战队登陆。（请参阅“广东虎门海战”/第178页）

日本海军根据情报，为运输舰“甘丸”号选定的换乘地点在虎门炮台12公里射程外，谁知陈策寻求火炮专家协助，利用减少装药及加大仰角的方式，暗中将150毫米炮的射程由12公里增加到15公里，“甘丸”号出乎意料被连续命中两发，造成船上准备登陆的日军陆战队伤亡惨重。（请参阅“广东虎门海战”/第178页）

被虎门炮台连中两弹的“甘丸”号运输舰连忙斩断锚链，带着熊熊大火与满船的死伤人员逃离，广东海军的鱼雷快艇队追上来施放鱼雷攻击。（请参阅“广东虎门海战”/第 178 页）

（请参阅“广东虎门海战”/第 178 页）

“夕张”号看到运输舰“甘丸”号有被鱼雷艇击沉的危险，放弃即将到手的“海周”号，转而攻击炮台以掩护“甘丸”号撤退，这时天空又出现广东空军的“霍克三式”战机前来攻击，“夕张”号烟囱被击伤，舰长原显三郎见势不妙，只好率队撤退。（请参阅“广东虎门海战”/第178页）

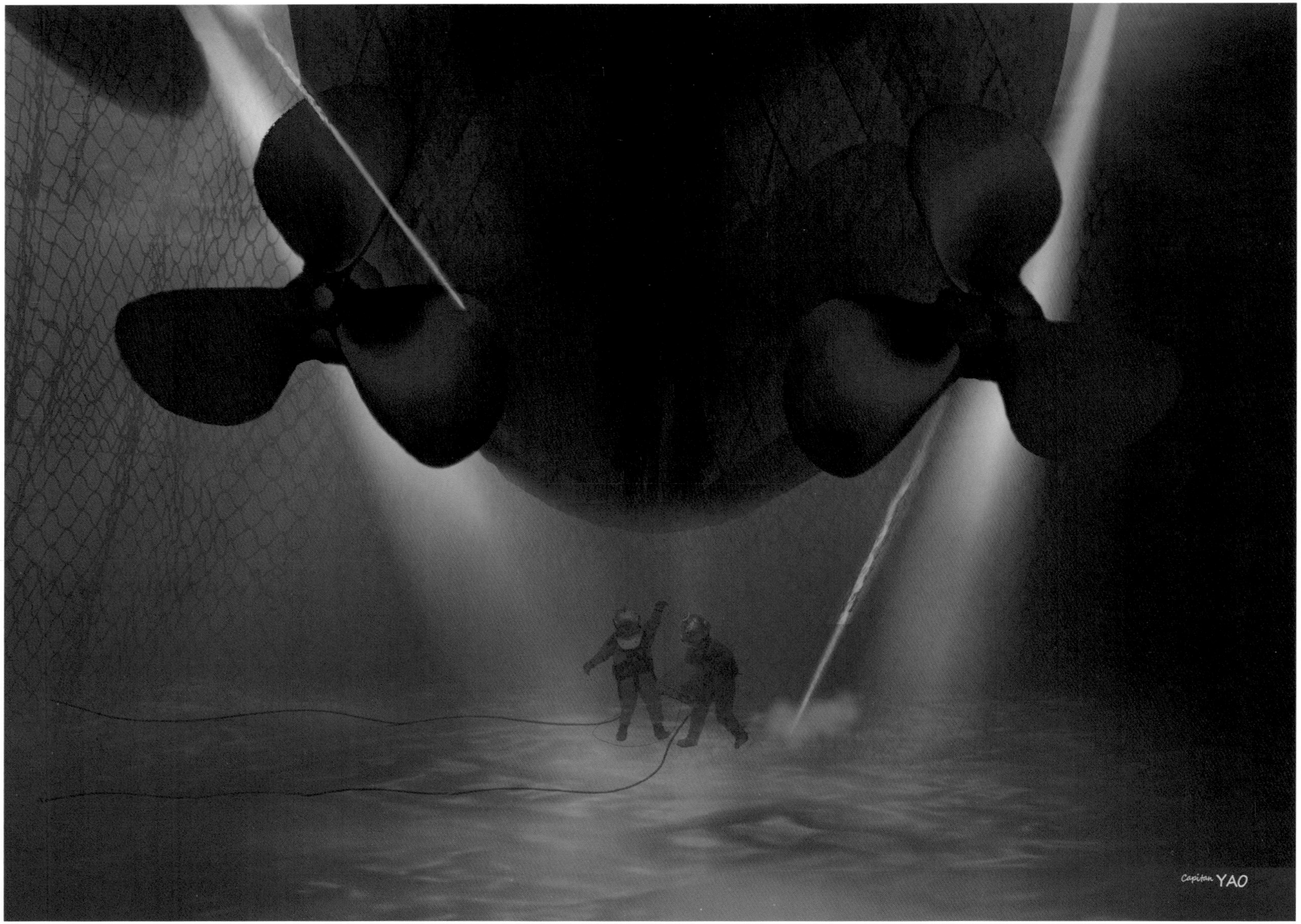

1937 年 10 月 2 日夜，六名中国水兵携带三枚“海丙”式电发水雷潜入日本驻沪领事馆旁停泊“出云”舰的栈桥，但被日军发现，不得不引爆水雷撤出。（请参阅“海军布雷战”/ 第 182 页）

1938 年 7 月 14 日，日军布雷舰“鸥”号在江西湖口被中国海军“文 93”号鱼雷艇发射的鱼雷炸断舰艉，后轮机舱的水兵全部被炸死。日军一直认为是被漂雷炸伤，但当时中国军队还没开始使用漂雷，所以一般都认为这是鱼雷艇所取得的战果。（请参阅“海军布雷战”/第 183 页）

1938 年 10 月 24 日，“中山”舰在武汉金口被六架日机击沉，舰长萨师俊被部下扶上舢舨，又被日本飞机扫射阵亡。（请参阅“中国海军抗战舰艇战损全纪录”/ 第 189 页）

1938 年 10 月 30 日，“执信”号舰长李锡熙奉广东江防司令黄文田之命率领“执信”号、“坚如”号、“仲元”号、“仲凯”号、“飞鹏”号、“湖山”号六艘军舰炮轰西江日军，结果各舰都在广东三水被日机炸沉，李锡熙阵亡。（请参阅“中国海军抗战舰艇战损全纪录”/ 第 189 页）

1937年12月12日，日本战机在南京上游27公里处击沉美国内河浅水炮舰“潘奈”号(USS Panay)，当时正好有新闻摄影队在船上，全程留下完整的影像记录。事发当日，适逢日军攻进南京城，当时“潘奈”号正护送美孚公司的“美平”号、“美夏”号、“美安”号三艘轮船载运南京的领事馆官员及美侨撤退，结果全部被击沉。“潘奈”号共有3名水兵当场死亡，27人受伤，其中包括舰长与副舰长，之后又有3人伤重死亡。这就是所谓的“潘奈号事件”(The USS Panay incident)。(请参阅“列强与抗战”/第190页)

1941 年 12 月 8 日（亚洲时间）太平洋战争爆发，美国海军浅水炮舰“沃克”号（USS Wake）于当日清晨在上海被日军接收，改名“多多良”号。同一时间，英国海军浅水炮舰“佩特列”号（HMS Peterel）因舰长拒绝移交，遭日舰击沉。（请参阅“列强与抗战”/ 第 190 页）

英国海军浅水炮舰“佩特列”号是太平洋战争爆发时英国海军唯一滞留在上海的军舰。1941 年 12 月 8 日凌晨，日军派人前来接收，遭到新西兰籍代理舰长的拒绝，随即被日舰开炮击沉于黄浦江。（请参阅“列强与抗战”/ 第 190 页）

1943年9月9日，意大利向盟军投降，退出第二次世界大战，刚好意大利籍豪华邮轮“康特·范特”号(Conte Verde)来到上海，为防止被日本接收，意大利水手打开海底阀门自沉于黄浦江。日本人大怒，将缆绳与绞车固定在外滩汇丰银行的柱体上，令所有意大利水手集合来拉索，硬是将船扶正。本图最前方是上海公共租界欧战纪念碑的基座，上面原来有一座胜利女神铜像(见第48页彩图)，1941年12月太平洋战争爆发，日本人进占公共租界后将铜像拆除熔解。(请参阅“列强与抗战”/第191页)

太平洋战争爆发，停泊在重庆江面的英、美、法等国浅水炮舰由于出海口被日军占领而陷入困境，既难以得到补给，又没有适当任务，尤其在人力极端缺乏的战时让大批有经验的水手在中国内陆无所事事，实在太过浪费，而且在废除和中国的不平等条约后，这些炮舰显然也派不上用场了，因此英、美两国干脆做个顺水人情，将这批舰船送给在重庆的中国政府。

1942 年 3 月，英、美两国政府配合放弃不平等条约的政策，英国移交“珍妮特”号(HMS Gannet，改名“英山”号)、“猎鹰”号(HMS Falcon,改名“英德”号)、“塞迪派普”号(HMS Sandpipe,改名“英豪”号)，美国移交“图图伊拉”号(USS Tutuila，改名“美原”号)给重庆国民政府。(请参阅“重庆接收英美法舰”/第 196 页)

在英、美赠送四舰的同时，重庆国民政府也想获得法国驻守在重庆的浅水炮舰“巴尼尔”号(Balny)，但因当时与中国有外交关系的是维希傀儡政权，所以不便提出，直到1944年戴高乐将军解放巴黎后才由法国新政权赠送给中国海军，改名“法库”号。(请参阅“重庆接收英美法舰”/第196页)

伪满洲国江上军的主力——由日本船厂建造的浅水重炮舰，共有四艘："顺天"号、"养民"号、"定边"号和"亲仁"号，号称"四大金刚"。
（请参阅"伪满洲国江上军与海警队"/第204页）

汪伪海军旗舰“海祥”号（原中国海军“永翔”号炮舰）在上海放礼炮欢迎新到任的日本海军驻华舰队旗舰“宇治”号。汪精卫一心想承续原来南京国民政府的正统，沿用青天白日满地红国旗，但做了一些小改动，譬如军舰旗加上白十字，舰艏旗之上多加一面小三角旗。（请参阅“海兴、海祥”/第 226 页）

中央海军

咸宁

“咸宁”号是上海江南造船厂建造的浅水炮舰，造价法币 80 万元，于 1929 年 8 月 16 日下水，1929 年 1 月 1 日服役。“咸宁”号是国民政府北伐胜利定都南京后建造的第一艘军舰。事实上这是杨树庄在海军沪队归顺之前就已经有的计划，所以很快就建造出来。

“咸宁”号钢质船壳，舰身长 54.86 米，宽 7.31 米，舱深 3.35 米，吃水 2 米，排水量 418 吨，没有装甲。2 座燃煤锅炉，推动 2 部往复式蒸汽主机，最大功率 2500 马力，最高航速 16 节。乘员包括军官 15 人，士兵 77 人，装备 120 毫米主炮 1 门、76 毫米炮 1 门、84 毫米高射炮 1 门、57 毫米速射炮 2 门、20 毫米机关炮 2 门。由于湖北曾出资协助建造本舰，所以用湖北省的地名咸宁为本舰命名。

“咸宁”号舰的设计基本上是仿自江南造船厂之前为美国海军建造的六艘浅水炮舰，但设计师叶在馥别出心裁地让排水量只有区区 418 吨的“咸宁”号采用艏楼结构，并且拥有两个烟囱与前后主桅，使她的外观看起来更像海防炮舰，而且具备一定的近海航行能力，这些设计理念体现在后来江南造船厂一系列的新舰当中，成为明显的叶在馥风格。

在“咸宁”号的完工典礼上，蒋介石以中央党部代表的身份致词，并宣布要在十五年内建设 60 万吨的海军舰艇，不过事实上在以后的“黄金十年”里，中国海军连 6 万吨舰船都建造不起来。

“咸宁”号在 1929 年换装有炮罩的日本“三年式”120 毫米 45 倍径炮，B 炮位也换装日本“三年式”76 毫米高射炮。本舰服役后有长达三年时间在湖北与湖南参加讨伐桂系、围剿红军的战役，在新造各舰中算是出征率最高的。

1938 年 7 月 1 日，本舰与“长宁”号炮艇在九江附近施放水雷返航，在田家镇附近江面被 16 架日机击沉，7 人阵亡，当时舰长为薛家声。据事后报告，本舰在战斗中击落 2 架敌机，不过没有证据证实。抗战胜利后，有一艘同名的“咸宁”号军舰，很多人都误以为是同一艘军舰，其实该舰是战后接收的日本军舰“兴津”号，而这艘“兴津”号是原意大利驻华的布雷舰“勒班托”号(Lepanto)，在 1943 年意大利投降盟军时被日军接收，并非 1929 年上海江南造船厂建造的这艘“咸宁”号。(请参阅第 4 页彩图)

“咸宁”号试航。此时的主炮是无炮罩的“阿姆斯特朗”120毫米炮，B炮位是“哈乞开斯”57毫米高射炮。

“咸宁”号。此时前主炮已换装有炮罩的日本“三年式”120 毫米 45 倍径炮，B 炮位也换装日本“三年式”76 毫米高射炮。

“咸宁”号。

永绥

“永绥”号浅水炮舰由上海江南造船厂建造，1929 年 1 月 27 日下水，由蒋介石夫人宋美龄掷香槟瓶，这在中国军舰中是很罕见的。同年 8 月 31 日正式服役，首任舰长为严寿华。本舰造价法币 60 万元，由于湖南曾出资协助建造，所以用湖南省地名永绥为本舰命名。

本舰为软钢电镀白铅船壳，舰身长为 68.27 米，宽 9.14 米，舱深 3.53 米，吃水 2.3 米，排水量 600 吨，燃煤动力，2 部往复式蒸汽主机，最大功率 4500 马力，最高航速 18 节，乘员包括军官 19 人，士兵 127 人。刚服役时由于火炮使用的是库存旧货，竟然在舰艏装上 1 门巡洋舰的 150 毫米主炮、舰艉 1 门 120 毫米炮，另有 76 毫米高射炮 3 门、机枪 4 挺，后来在 1929 年才将艏艉主炮换装为由日本采购的 2 门“三年式”120 毫米 45 倍径炮。

“永绥”号服役后大多数时间担任蒋介石指挥围剿红军的座舰。1935 年 9 月 20 日，“永绥”号受命由南京上溯长江通过三峡来到重庆。对于吃水比一般内河炮艇为深，本来设计用于长江下游的“永绥”号，这项任务来得有点突兀。这个谜团到 1937 年 11 月 17 日揭晓。当天，国民政府主席林森携带国玺及重要文件、政府官员搭上早已在江面待命多时的“永绥”号离开南京，前往陪都重庆，从此“永绥”号就在这里待了八年。（请参阅第 5 页彩图）

“永绥”号在重庆时拆下主炮用于川江两侧的江防炮台，只保留高射炮担任陪都防空舰任务，同时作为内迁各海校的练习舰，当时的舰长为傅成。抗战胜利后，“永绥”号拆下的主炮得以恢复，本舰也被划归江防舰队，但此时政府高层有美军运输机可乘坐，“永绥”号不再有机会担任要人座舰。1949 年为了防御解放军渡江，“永绥”号加入林遵的海防第二舰队，负责防守镇江到芜湖之间的江面。在 4 月 22 日江阴要塞与第二舰队起义时，“永绥”号本来要随“永嘉”号突围，但因舰长邵仑反对而留下，等待解放军来接收。“永绥”号起义后，所有舰员包括舰长都被调往解放军华东海军学校接受政治教育。当年 9 月 23 日，已无作战能力的“永绥”号被国民党空军 B-25 轰炸机发现，并炸沉在南京附近的杨家沟。

“永绥”号试航。

“永绥”号全舰挂满旗在长江中行驶。从这个角度看，“永绥”号的外形非常优雅可爱。

“永绥”号。

“永绥”号在 1949 年 4 月 23 日第二舰队起义时被解放军俘获，图为登舰在舰艏甲板参观的解放军代表。可见主炮与 B 炮位的高射炮都已装回，但与原来的式样似乎不同，可能拆自日军投降后遗留的装备。

“永绥”号在1949年4月23日第二舰队起义时被解放军俘获，27日，解放军代表第三野战军第八兵团司令陈士渠由林遵陪同登舰视察，“永绥”号在舷梯口安排仪仗队及吹号迎送。

民权

“民权”号是上海江南造船厂建造的浅水炮舰，造价法币 120 万元，1929 年 9 月 21 日下水，由何应钦夫人王文湘掷香槟瓶，1930 年 4 月 1 日服役。“民权”号为软钢电镀白铅船壳，舰身长 51.5 米，宽 7.92 米，舱深 3.35 米，吃水 2.1 米，排水量 464 吨，无装甲，2 座燃煤水管锅炉，推动 2 部三汽缸三段膨胀蒸汽主机，最大功率 2600 马力，最高航速 17 节，乘员包括军官 17 人，士兵 98 人，装备 120 毫米炮 1 门、100 毫米炮 1 门、76 毫米高射炮 1 门、57 毫米速射炮 1 门、20 毫米机关炮 2 门。（请参阅第 6 页彩图）

“民权”号抗战开始时的舰长为刘焕干。本舰是少数能随国民政府撤退到内地并幸存到战后的军舰，与“永绥”号一样将主炮拆下，装在川江两侧的炮台以防御日军进攻，同时换装 3 门 76 毫米高射炮担任陪都的防空舰以及各海校的练习舰。

抗战胜利后，本舰负责长江防务及支援地面部队与解放军作战，随着战局的失利，本舰担任江防舰队旗舰一路率队撤到宜昌和重庆。1949 年 11 月 30 日重庆撤守时各舰已无法撤离，由江防舰队司令叶裕和率七舰一同向解放军投诚。本舰在解放军海军继续服役到 1982 年，改名为“长江”号，武备改成 4 门 40 毫米炮和 4 门 25 毫米机炮。

“长江”号以 1953 年 2 月 19 日毛泽东视察过该舰并在舰上作出建立强大海军、南水北调、三峡工程等重大指示而闻名，因此舷号被改为“53-219”以为纪念。“长江”舰退役后，海军建议作为纪念馆将舰体完好保存来纪念及展示。经过一年的筹备与建设，“长江舰纪念馆”于 1965 年出现在上海吴淞码头。不过到了 1980 年代初，有人提出“长江舰纪念馆”个人崇拜色彩浓厚，建议将其撤销。海军有关部门同意将其拆毁的建议，于是这艘来自国民党海军，曾作为毛泽东座舰的一代名舰便被拆毁回炉了。

“民权”号在船台建造中。

“民权”号试航。

“民权”号。

“民权”号投诚后改名为“长江”号，并在1953年2月19日成为毛泽东的座舰。图为毛泽东与“长江”舰上的官兵合影，可见主炮尚未换装后来的双管37毫米炮。

很少看到的“长江”号舰艉角度，舰上布局十分清楚。

“长江”号因为毛泽东于 1953 年 2 月 19 日乘坐，所以后来将舷号改为“53-219”。

逸仙

“逸仙”号是北伐胜利后，一系列在江南造船厂开工建造的舰艇从江防走向海防的一个里程碑，中国海军将其列为“轻巡洋舰”，但以国际标准实际上只不过相当于“海防炮舰”。本舰为上海江南造船厂建造，由叶在馥设计，1930年11月12日下水，由孙文的孙女孙穗英掷香槟瓶，1931年6月1日服役，造价法币300万元。

本舰软钢船壳，无装甲，舰身长82.3米，宽10.36米，舱深57.3米，吃水3.78米，排水量1650吨。3部燃煤锅炉，2部三汽缸三段膨胀往复式蒸汽机，双轴推进，最大功率4000马力，巡航速度12节，最高速度19节。乘员包括军官22人，士兵160人。武备为舰艏150毫米50倍径主炮，舰艉日本“三年式”140毫米主炮1门、75毫米40倍径单装高射炮4门（纵向布局）、江南造船厂仿制“哈乞开斯”47毫米速射快炮2门、多挺7.62毫米“马克沁”机枪，并未装配鱼雷发射管。

“逸仙”号的主炮来源比较特别，它本来是向德国克虏伯公司采购的150毫米炮，后来这门炮却由荷兰的工业贸易公司（H.I.H）生产，因为第一次世界大战后的德国把武器生产工厂都迁到荷兰去了，以避开《凡尔赛和约》的限制。同时向荷兰工业贸易公司采购的还有75毫米高射炮6门，其中4门装在“逸仙”号上。“逸仙”号的外观特点是两个粗大的烟囱，航行时黑烟排出很多，看照片很容易发现这个特点。

“逸仙”号服役后先驻防南京，后调往马尾，在福建海域巡弋缉捕海盗，并在1933年底参加了镇压十九路军“福建事变”的行动。在这段时间，“逸仙”号曾多次航行华北，最远到达天津大沽，并在山东海域进行过演练。1935年日本在台湾举办“始政40周年庆祝博览会”，当时的福建省主席陈仪曾应日本总督邀请，代表中国政府搭本舰前往台湾访问，其间本舰靠泊于基隆港。1937年7月抗日战争全面爆发，在9月24日“宁海”号与“平海”号两舰相继被日机击毁后，“逸仙”号接续担任旗舰任务。9月25日上午，本舰遭到16架日机攻击，在击落2架日机后终因多处中弹进水向左侧倾倒而沉没。在沉没前，“逸仙”号的前主炮突然开火，击落了一架日军的“九二式舰攻”。是役“逸仙”号阵亡官兵14人，负伤8人，当时舰长为陈秉清。（请参阅第7页彩图）

日军后来将“逸仙”号浮扬整修并在 1938 年 5 月将其拖往日本，改名为“阿多田”号，作为潜水舰学校的练习舰，并将原来的单桅改为三角桅，装上雷达与声纳，武器改为 1 门“三年式”120 毫米炮、2 座双联装 40 毫米机炮、5 门 25 毫米机炮与 6 挺 7.7 毫米机枪，并将后甲板增建一层艉楼，以增加空间作为教室与学生住宿之用。（请参阅第 9 页彩图）

日本战败后本舰被盟军接管，直到 1946 年 8 月 20 日方由日本水手驾驶，自吴港驶回上海归队，并恢复旧名“逸仙”号。很有意思的是，在回国之前，日本把从战败后退役拆解的日本装甲巡洋舰“八云”号（德国伏尔铿厂建造，是日本唯一打过日俄战争还一直存活到第二次世界大战后的军舰，曾与“出云”号一起长期担任海军兵学校的远航训练舰）上拆下来的豪华船舱装潢与家具全送给了“逸仙”号。

“逸仙”号回国后参加了对解放军的葫芦岛之战，以火炮轰击解放军，并掩护陆军撤退。本舰在 1949 年 4 月 23 日的南京第二舰队起义事件中据说曾挂白旗诈降，最后突围逃脱，当时舰长为宋长志（后来在台湾担任过“参谋总长”与“国防部长”）。（请参阅第 10 页彩图）

“逸仙”号到台湾后亦曾多次参与台海巡弋并且获得舰艏舷号“78”。本舰一直服役到“八二三炮战”前夕，1958 年 6 月 1 日方才退役，然后于 1959 年 5 月 19 日作为废钢铁出售，得款台币 268.25 万元。“逸仙”号舰艏的两具绞缆器现在还放置在成功大学的校园内。（请参阅第 11 页彩图）

“逸仙”号的下水典礼。

“逸仙”号完工试航。两个大烟囱和冒出的浓密黑烟是她最显著的特点。

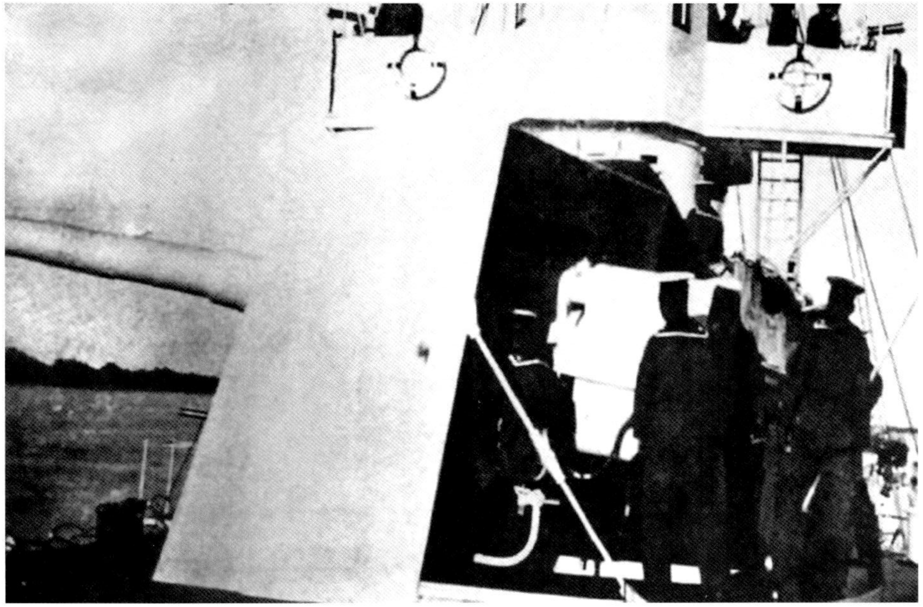

“逸仙”号舰艏装备的荷兰工业贸易公司制造的150毫米主炮。“逸仙”号就是因为这门炮的150毫米口径而被中国海军列为“巡洋舰”。

“逸仙”号舰艏驾驶台前的75毫米炮。

“逸仙”号被击中往左舷侧倾，狭窄的船体由下往上外飘的牵牛花式造型是本舰的特色。

“逸仙”号被日军俘虏后改名“阿多田”号，送回日本作为潜水舰学校的练习舰。注意单桅变成了三角桅。

“民生”号停泊在码头，可看到舰艇的舰名。

“民生”号。

尽量要求加装新设备，以验证未来建造军舰的要求，以及仿制部分武器装备。

不仅如此，“宁海”号同时还要担任练习舰，让海军学校的学生熟悉先进装备的使用。至于真正的作战舰，则是“宁海”号的姊妹舰“平海”号，在“平海”号上才看出比较合理实用的配置。在“宁海”号的建造过程中，中国海军也派出大批监造人员驻厂，希望从中学习造舰经验，培养后续舰的自制能力，由此可见陈绍宽的良苦用心。

不过由于中日两国的关系在“宁海”号开工后急剧恶化，到了当年秋天发生“九一八事变”，次年上海的“一·二八事变”更是达到高峰，中国国内出现了批评海军不应向日本订造军舰的舆论，但日方尽量低调，双方海军也维持和谐关系，让“宁海”号最后还能顺利交舰。

“宁海”号服役后，经常在南京与武汉之间作为海军公关宣传的“形象展示舰”，之后也曾巡航福建海域。很特别的是她曾在1933年6月25日赶赴香港拦截东北舰队叛逃南下的“海圻”舰、“海琛”舰、“肇和”舰三艘军舰，希望胁迫将其纳入闽系的中央海军，但未能及时发现三舰已经进入广州。无独有偶，两年后的1935年6月15日，这三艘军舰与陈济棠发生矛盾再度叛逃，“海圻”舰与“海琛”舰离开广州意图北上，陈绍宽闻讯再度率“宁海”号南下拦截，这一回“宁海”号动用了140毫米主炮，“海圻”舰自忖不敌躲入香港，最后由南京方面出面协调，“海圻”舰与“海琛”舰归军政部直辖，陈绍宽的希望再次落空。

在这期间，“宁海”号还曾在1934年6月5日由练习舰队司令王寿廷少将率领赴日参加日俄战争海军指挥官东乡平八郎元帅的国葬典礼。根据国际海军传统，各国都会派专舰赴日吊唁，“宁海”号于5月31日接到通知时正在威海卫训练，由于时间紧迫立刻开航，于6月3日深夜抵达日本的门司港，考虑到军舰航行速度较慢，若继续开往横滨势必无法赶上葬礼，于是日方安排吊唁团团长王寿廷及随员与仪仗队等一行人在第二天一早搭乘火车赶往东京，终于赶上葬礼的举行。随后“宁海”号在6月7日驶抵横滨，中日双方进行了许多交流活动，之后“宁海”号回播磨厂进船坞整修，完工后于7月14日回到上海。“宁海”号的这一趟航程是抗战前为数不多的军舰出访参与国际外交的活动，幸好圆满落幕。（请参阅第15页彩图）

“宁海”号的姊妹舰“平海”号则是以同样设计图，日本提供零部件由江南造船厂建造，并聘请原“宁海”号的造船主任神保敏男担任江南造船厂的技术总工程师负责监造，原订预算法币 45.8 万元（如果包括武器弹药，则总预算为法币 76.4242 万元）。虽说采用了相同图纸，“平海”号与“宁海”号仍有许多不同之处。“平海”号刚开工不久发生了“友鹤”号水雷艇翻覆事件，日本海军重新检讨舰体重心过高的问题，于是“平海”号重新修改图纸，放弃原来“宁海”号主桅与舰桥整合成三角塔式的结构设计，改用利于舰桥后方独立的轻量化三角桅，这是两舰的外观除了有无水上飞机库之外最大的差异。

“平海”号于 1931 年 6 月 28 日安放龙骨，原定 1933 年 10 月 10 日下水，不料九一八事变与淞沪“一・二八”战事相继爆发，因中日关系紧张而影响了日本的零件供应与技术支持，竟然拖到 1935 年 9 月 28 日方才得以下水，比原定时间足足晚了两年。等到空舰驶往日本相生港安装火炮武器，全部完成时已是 1936 年 6 月 18 日，离战争全面爆发只有一年的时间。“宁海”号只用了一年半建造就已服役，“平海”号却足足花了五年的时间。

“平海”号的尺寸与“宁海”号基本相同，不过吃水稍浅，为 3.96 米，排水量 2448 吨，4 座舰政本部式烧碳锅炉，1 座江南自造的烧重油锅炉，比“宁海”号多了 1 座，但主机却比“宁海”号少 1 部，装配 2 部江南生产的三段膨胀往复式蒸气主机，双轴推进，最大功率比“宁海”号小，只有 7488 马力，最高航速 21 节，12 节巡航时续航力 5000 海里。

本舰原定装配与“宁海”号相同的 3 座双联装 140 毫米主炮、四管 533 毫米鱼雷发射管外，76 毫米单管高射炮改为 3 门，另外增加 57 毫米高射炮 4 门、机枪 4 挺。但在本舰赴日装配武器时中日关系已经十分紧张，有关高射炮与机枪部分遭日本拒装，只好通过上海的洋行改购德国装备代替。本舰无舰载水上侦察机，所以烟囱后的外观结构因无机库而与“宁海”号不大相同，“宁海”号的深水炸弹投掷器与破雷卫等装备在“平海”号上也都全部取消。“平海”号首任舰长为原“宁海”号舰长高宪申。

“平海”号于 1937 年 4 月 1 日服役，取代“宁海”号成为第一舰队旗舰。当年 8 月上海爆发中日淞沪会战，江阴的长江江面开始构筑沉船阻塞线，“宁海”号与“平海”号及“逸仙”号等军舰都被调往阻塞线后方担负防御，实际上等于自己也被困在上游不能出海了。8 月 16 日，日军飞机第一次出现在阻塞线上空，江阴保卫战正式开始。接下来从 8 月底到 9 月初，“宁海”号与“平海”号两舰均受到日本海军航空队的飞机攻击。

但之前多是轰炸南京的日机顺便攻击，真正大规模的海空战斗从 9 月 22 日开始。日本第 12 海军航空队从上海公大机场起飞 12 架“九二式舰攻”，在 6 架“九五式舰战”掩护下对阻塞线后方的中国军舰展开空袭，接着日军“加贺”号航母的 6 架“九二式舰攻”与 3 架“九五式舰战”也赶来助攻。“平海”号与“宁海“号在第一天就被炸伤，“宁海”号发射高炮弹 400 余发、机枪弹 8000 余发，“平海”号发射高炮弹 265 发、机枪弹 4000 余发，弹药消耗过半，“平海”号舰长高宪申腰部受伤。（请参阅第 17 页彩图）

23 日下午，日本海军第 12 与第 14 航空队 40 多架飞机大举来袭，“平海”号不敌，拔锚上驶，“宁海”号也砍断锚链移动舰位。“平海”号在上驶途中被大批日机追击，直接命中 3 枚 60 公斤炸弹，向左侧倾 45 度搁浅，当晚宣布弃船。24 日，“宁海”号也遭到日机攻击，被多枚 60 公斤炸弹命中，最后舰艏向长江北岸岸边搁浅并向右舷侧倾斜。是役，两舰共阵亡 14 人，负伤 49 人。之后中国海军趁日军尚未进犯之机，将两舰上的武器包括 76 毫米高射炮、机关枪、鱼雷发射管等装备拆走，140 毫米主炮则由于太重被放弃。（请参阅第 20 页彩图）

对中国人而言，“宁海”号与“平海”号两舰沉没（其实是坐底）于江阴海空战后故事就已告完结，但很多人都不知道其实还有续集。事实上日本人在战役结束后的 1938 年即将这两艘军舰浮扬起，进行了简单修理。由于两舰都存在重心过高的稳定性问题，所以先把舰体上部结构与火炮尽量拆卸以减轻重量，然后送回江南造船厂进行大修，最后渡海来到日本佐世保。（请参阅第 19 页彩图）

1938 年 7 月 11 日，日军以“第 261 号令”将两舰改为海防舰兼海军兵学校的练习舰，并将“宁海”号改名“御藏”号，“平海”号改名“见岛”号，因不久太平洋战争爆发造船厂工期繁忙，两舰的改装工程便拖延下来，分别停泊在相生与佐世保港充做港区浮动宿舍。

1941 年起，汪精卫伪政权希望获得此两舰充实其舰队，但日本海军始终未同意。到了 1944 年日本在太平洋上已渐露败相，由于舰艇损失太快补充不及，便把脑筋动到这两艘军舰上，将舰级由海防舰改回二等巡洋舰，“御藏”号（即“宁海”号）在播磨造船相生工厂改装，“见岛”号（即“平海”号）由佐世保工厂改装，改装内容主要是将原来的 140 毫米主炮换装为前后各 1 门“十年式”高平两用 127 毫米 45 倍径炮及 5 座“九六式”三联装 25 毫米机炮，并装上雷达（22 号及 13 号电探）。为了在太平洋上使用，还大幅降低上层建筑的高度与重量，以提高航海性能。

改装完成后，“见岛”号于6月10日改名为“八十岛”号，“御藏”号于6月28日改名为“五百岛”号。日本海军于1944年6月28日征召“五百岛”号出征。1944年9月19日，该舰于御前崎南方八丈岛被美国潜艇“西鲱”号（USS Shad，舷号SS-235）击沉，包括舰长福地秋二少佐在内的全体船员殒命。（请参阅第21页彩图）

9月25日，“八十岛”号奉命担任新成立的第一运输战队旗舰参加莱特湾海战，率领由驱逐舰组成的运输队为日军驻守的岛屿提供补给，于1944年11月25日在吕宋岛被美国海军轻型航母“兰利”号（USS Langley，舷号CVL-27）的舰载鱼雷机所投掷的一枚鱼雷击中船艉沉没，同时被击沉的还有重巡洋舰“熊野”号。“八十岛”号的生还官兵101人与“熊野”号的490人在“八十岛”号舰长松村总一郎少佐率领下加入菲律宾的海军陆战队，后大多战死于陆上战斗。（请参阅第22页彩图）

中国一直未获得两舰沉没的消息，日本投降后，中国驻东京盟总的军事代表团还到处打听两舰的下落，希望能收回成为战后中国海军的主力军舰。最后消息传来，两舰已经战损沉没。

“宁海”号在日本举行下水典礼。

“宁海”号试航。此时尚未装上高射炮。

“宁海”号在日本完工时的试航，高射炮已装上。

“宁海”号舰景。

“宁海”号的正侧面。

“宁海”号参加东乡平八郎元帅的葬礼，赴日本访问，图为“宁海”号进入横滨港两舷栏杆晾晒衣服被单的画面，有人批评这代表该舰军纪不佳，其实这是军舰上还没有烘干机的年代，世界海军的惯例均是这样在规定的时间洗濯，以规定的方式晾晒衣物。

“宁海”号的舰载机“宁海 1 号”吊放作业。由于“宁海”号没有装备弹射器，所以只能以吊放方式让水上飞机从水面滑行起飞。

“宁海”号的舰载飞机作业与操演。由于“宁海”号机库尺寸的限制，不能使用现成的机种，而必须重新设计。

在上海海军江南造船厂船台建造的“平海”号。

在江南造船厂，水兵正准备将“平海”号使用的物资搬上船。

“平海”号下水典礼的观礼台。

“平海”号下水前全体造舰组员合影。第一排中间圆圈者为日籍总工程师神保敏男。

“平海”号还在建造中，海军部派来的监造小组合影。

“平海”号在江南造船厂的下水典礼。

下水后尚未舾装的“平海”号。

“平海”号下水后开往日本装配主炮。

舾装完成出厂的“平海”号。

“平海”号夜间挂满灯。

日机轰炸“平海”号。

“宁海”号中弹后向右侧倾覆搁浅。

“宁海”号被击中向右侧倾的正面近景。

日本人打捞“宁海”号与“平海”号两舰时为安全考虑，先将炮塔与主炮吊离，因为“宁海”号与“平海”号两舰从设计开始就有火炮超载、头重脚轻的问题。

“平海”号被浮扬后，拆除上层桅杆，以自力驶回上海江南造船厂整修。

“八十岛”号（即“平海”号）担任新成立的第一运输战队旗舰参加莱特湾海战，率领由驱逐舰组成的运输队向日军驻守的岛屿运送补给，并于 1944 年 11 月 25 日在吕宋岛被美国海军的航母舰载机击沉。同时被击沉的还有重巡洋舰“熊野”号。

“八十岛”号于 1944 年 11 月 25 日被美国轻型航母“兰利”号的舰载机锁定。

“八十岛”号被美国海军舰载机发射的一枚鱼雷击中船艉沉没。

“八十岛”号船艉被鱼雷击中发生大爆炸。

“八十岛”号终于沉没，有 101 人被救起，后来加入在菲律宾的海军陆战队，后大多战死于陆战。

海宁、江宁、抚宁、绥宁、肃宁、威宁、崇宁、正宁、长宁、义宁

从 1932 到 1934 年，上海江南造船厂为海军建造了十艘巡防炮艇，艇名中都有个“宁”字，完工时间分别为：“江宁”号、“海宁”号 1932 年 12 月 31 日，“抚宁”号、“绥宁”号 1933 年 5 月 20 日，“肃宁”号、“威宁”号 1934 年 2 月 28 日，“崇宁”号、“义宁”号 1934 年 5 月 31 日，“正宁”号、“长宁”号 1934 年 10 月 1 日。各艇造价约在法币 15 万元左右，如果算上武器装备，则要达到 30 多万元法币（以“江宁”号、“海宁”号为例，每艘艇包括武器装备的总建造费用为法币 32.9416 万元）。

各艇的尺寸并不完全相同，大概可以分为两大类。1932 年—1933 年建造的四艘，艇身长 39 米，宽 6 米，吃水 2.1 米，排水量 260 吨。1 座燃煤锅炉，推动 1 部二段膨胀往复式蒸汽主机，最大功率 400 马力，单轴推进，最高航速 10 节。乘员包括军官 7 人，士兵 37 人。装备 57 毫米炮 2 门、7.9 毫米机枪 3 挺。

1934 年建造的六艘，艇身长 42.9 米，宽 6 米，吃水 2.1 米，排水量 280 吨。1 座燃煤锅炉，推动 1 部往复式蒸汽主机，最大功率 600 马力，单轴推进，最高航速 11 节。乘员包括军官 7 人，士兵 37 人，艇长为上尉军衔。武器装备计有 57 毫米炮 2 门、7.9 毫米机枪 2 挺，1934 年各艇再加装 20 毫米防空机炮以应付日军飞机的空袭。

各艇服役后都隶属于海军巡防队。各艇的命运如下：1937 年 10 月 3 日，“江宁”号（艇长不详）被日军击沉于炮子州；1938 年 5 月 31 日“抚宁”号（艇长蒋福元），6 月 1 日“肃宁”号（艇长郑畴芳）、“正宁”号（艇长林赓藩）三艘炮艇都被击沉在福州长门闽江口；同年 7 月 1 日，“长宁”号（艇长林良缪）被击沉于武穴，死伤 10 余名；3 日，“崇宁”号（艇长叶水源）被击沉于田家镇；9 日，“海宁”号（艇长何乃诚）被击毁于吴城丁家山附近；31 日，“绥宁”号（艇长曾伟）被日机投下的三枚炸弹命中，沉没在黄石港。以上各艇都

是被日机空袭击沉。

至于两艘存活到战后的本级艇，一艘是“威宁”号（艇长李孟元），1949年11月25日在柳州被解放军俘虏；另一艘是“义宁”号（艇长严传经），1938年6月26日在湖口白许镇被日机炸伤（艇长及十余名官兵殉职），但并未沉没，一直存活到战后，服役于第一机动艇队，曾参加舟山、登步诸役，根据正式记录，本艇于1950年撤到台湾淡水后退役，不过事实上本舰在1957年又改装成为测量艇“海靖”号（舷号AGS-863），并且服役到1961年方才退役。

“正宁”号炮艇。

“江宁”号炮艇。

到台湾后改装为测量艇“海靖”号，舷号“AGS-863”的原“义宁”号炮艇。

泰宁、都宁

1937 年 8 月上海淞沪会战爆发时，海军江南造船厂的船台上有一艘正在建造中的军舰，这艘军舰长 48.7 米，宽 7.3 米，吃水 2 米，排水量 610 吨，预定完工后命名为“泰宁”。日军进占江南造船厂交由三菱公司接手营运，三菱评估本舰距离完工还有相当距离，没有意愿继续建造，于是将其就地拆解。

江南造船厂在战争爆发时尚未完成的舰艇还有一艘为首都警察厅建造的“都宁”号水警艇。该艇长 34.6 米，宽 5.8 米，吃水 1.98 米，排水量 149.5 吨。由于本艇在日军占领江南造船厂时已接近完工，所以日军继续建造，于 1939 年 7 月 20 日完工，重新命名为“竹生丸”号，日本海军将其作为港区内使用的杂役艇。本艇于战后由中国海军收回，改名为“崇宁”号，作为测量艇使用，1949 年留在大陆，没有撤往台湾，但最终情况不详。

1938 年日本人掌管下的江南造船厂中躺在船台上已经停工的“泰宁”舰。

被日军俘虏的“都宁”号炮艇，被改成杂役艇“竹生丸”号。

订购德国潜艇的合步楼案

中国海军部长陈绍宽于 1937 年曾以 9900 万马克向德国订购了五艘潜艇（一艘为 VII 级、四艘为 IIB 级），其中两艘已开工建造，为此中国还派出 80 名士官前往德国受训，并协商从德国海军舰队的现役潜艇中先抽调一艘提供给中国海军使用。本采购案被称作“合步楼案”，是因为合步楼（HAPRO）是 1934 年 1 月成立，负责统一管理所有德国在华工业投资的公司，中国采购潜艇案即由合步楼公司负责。（请参阅第 23 页彩图）

两艘已开工的 IIB 级为近海防御潜艇，由德国吕贝克的弗兰德威福特造船厂建造，分别于 1940 年的 4 月和 5 月完工，每艘造价 1000 万马克。艇长 42.67 米，宽 4.11 米，深 3.88 米，水面排水量 279 吨，水下排水量 329 吨，柴油电动主机，最大功率 700 马力（使用电池潜航时 360 马力），最大睡眠航速 13 节，最大水下潜航 7 节，航程 1800 海里，潜深 24 米，乘员 25 人。装备有 20 毫米机炮 1 门、3 具 533 毫米鱼雷发射管（备射鱼雷 5 枚）。

1937 年抗日战争全面爆发，德国与日本结盟的态势愈来愈明显，加上德国亲日的外长里宾特洛弗上台，德国在 1938 年 5 月宣布停止对华出售武器。1939 年 9 月 1 日，德国政府更针对性地通知中国，建成的两艘潜艇将不会移交给中国海军，并同意退还货款 1000 万马克。当时这两艘潜艇拟议由南斯拉夫王国接手，所以退款亦协商由南斯拉夫政府直接退还给中国，但因第二次世界大战全面爆发，南斯拉夫于 1940 年 6 月因轴心国入侵而亡国，退款之事最终未能实现。

中国海军从民国初年起就不断尝试获得潜艇，由合步楼订购德国潜艇是最接近成功的一次，可惜仍然功败垂成。不过当时中国的海岸线大多被日军占领，两艘潜艇就算回国也缺少母港，而且中国对潜艇的战术运用完全没有经验，到底能发挥多少作用也值得怀疑，最有可能的下场就是像电雷学校的鱼雷艇那样滞留香港被英国海军征收，到第二次世界大战爆发时全部损失。

两艘潜艇最后由德国海军自行接收，成为“U-120”与“U-121”号，自1940年4月20日起在德国海军服役。虽然这两艘潜艇是根据中国订单的要求设计的，原型是德国海军已定型并大量生产的IIB级，但由于重新设计的帆罩非常不成功，使得性能大为下降，造成后来两艇在德国海军一直只能作为训练艇使用，即使战时在前线潜艇大量损失时也没有将这两艘艘艇派上战场。两艘潜艇最终于1945年5月2日盟军逼近德国本土时在不来梅自沉，1950年捞起后拆毁。有些数据称“U-120”号潜艇是由于抽水马桶操作失误进水而沉没的，这是不合史实的。

合步楼潜艇案到了战后还有后续发展。败退到台湾的蒋介石在1953年接到报告，称在欧洲尚有战前中国采购德国军火包括订造潜艇的余款3000万马克，这对当时军事支出压力巨大的台湾如同大旱甘霖，但因资料不全无法证实而一直未能进行追讨。到了1963年底，“海军总司令”黎玉玺突然向蒋介石报告得到信息，当年陈绍宽确实曾付出潜艇订金1000万马克，此款存入战前的德国国家汇兑银行专款专用，而且这件事已由在德国寻获的当年的经手人证实，蒋介石立即下令“行政院”研究追讨的可行性。根据“行政院院长”严家淦1964年的报告，因战后双方政权存续的法律地位、追索时效等问题，难以有效追讨，而且战前与战后德国马克汇率相差达十倍，加上中国也有积欠德国的费用，核算结果未必有利，最后在1964年6月12日由蒋介石同意签结本案。

陈绍宽（穿海军制服戴白帽者）随同孔祥熙访问德国，在这次访问中决定向德国采购潜艇。

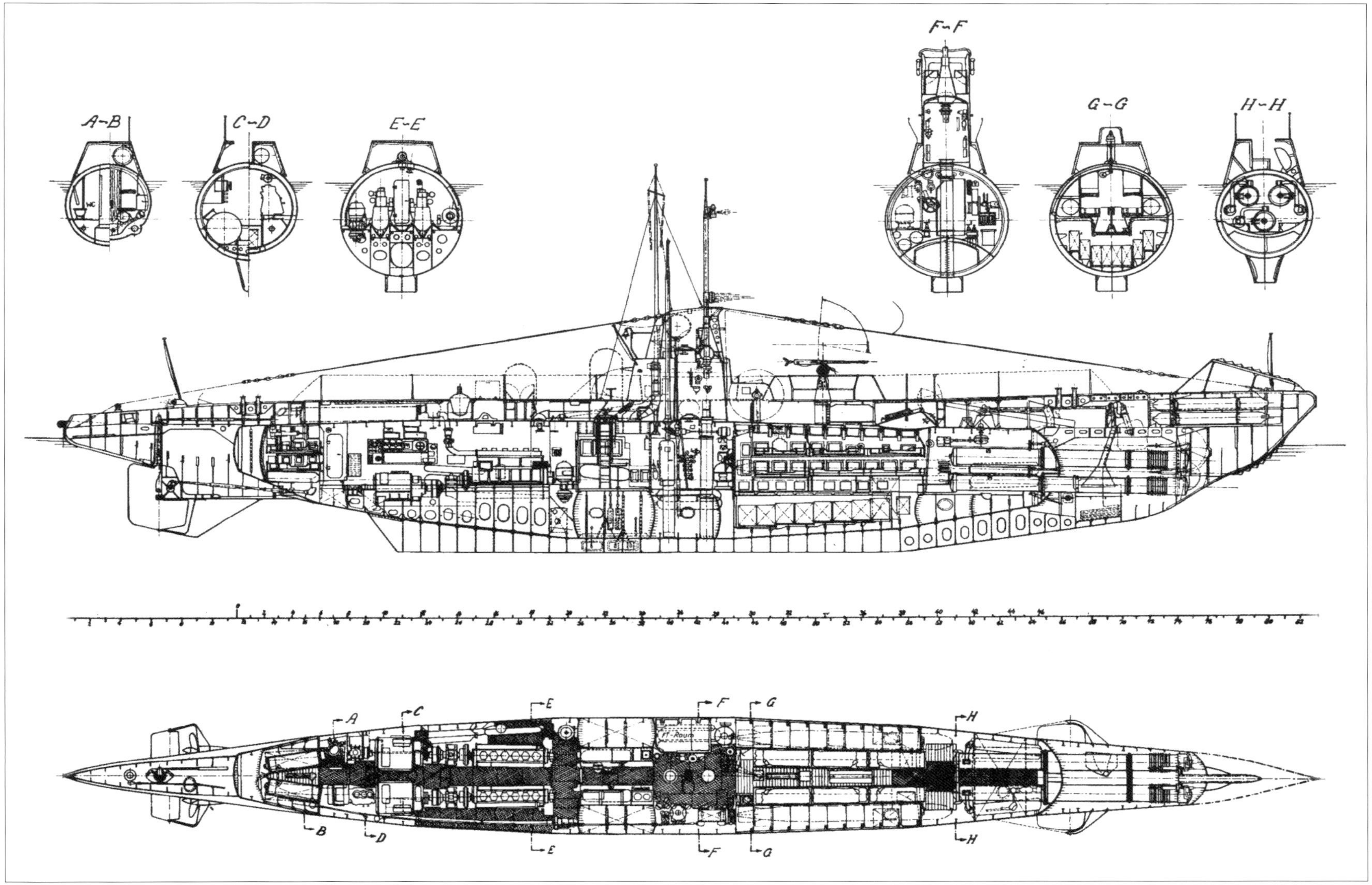

中国向德国采购的IIB级潜艇的三视图。

中国向德国采购的IIB级潜艇在德国吕贝克造船厂建造中的照片。这些照片是合步楼公司于1938年12月10日拍摄提供给中国政府的，可能是作为请款的依据。

中国向德国采购的IIB级潜艇在德国吕贝克造船厂建造中，于1939年2月27日拍摄的照片。比较上张与本张照片的不同可了解其建造进度。

南京国民政府的黄金十年海军建设

北伐完成中国形式上的统一后，南京政府就展开了所谓“黄金十年”的建设期。这一时期从 1927 年开始，到 1937 年抗战全面爆发为止，其中最明显的建设就是海军的造舰计划。1927 年前由于中国内战，各国对华武器禁运造成海军发展停滞，北伐统一后内战因素消失，各国开始解禁，正好迎来造舰高潮。海军“黄金十年”造舰高潮的关键人物就是 1929 年接替杨树庄担任海军部长的陈绍宽。

蒋介石在北伐统一后建造的第一艘军舰“咸宁”号的下水典礼中提出要在 15 年内建设 60 万吨的海军。蒋介石并不是突发奇想，事实上那就是杨树庄与陈绍宽提出的计划，但是以当时国家的财力，这是根本不可能实现的，后来证明不要说 60 万吨，就连 6 万吨也都没造出来。陈绍宽追着蒋介石兑现诺言，蒋介石不但不拨款建造新舰，连老旧军舰的保养维护资金都提供不足，陈绍宽自然抱怨连连。

蒋介石除了考虑闽系海军封闭排外的习性，不想投入资源让其扩充实力外，更考虑到以中、日两国海军巨大的差距，就算将造舰投资增加一百倍，中国海军也不可能在短期内培养出能够战胜日本联合舰队的实力，何况未来中、日之间发生舰队对决的机会几近于零，与其满足传统海军将领巨舰大炮的梦想，不如拿来建设空军还比较有效益，蒋介石就是这么想的。

陈绍宽向以清廉，甚至抠门出名，所有研究中国近代海军史的学者都是这么认为的。我的祖父抗战前在武汉经营轮船公司，同时担任长江轮船公会常务理事兼秘书长，曾对家父叙述登上“宁海”号向陈绍宽“送红包”的经过。当时官厅中有一件陈绍宽的海军大衣挂在衣架上，送红包的人都明白意思，自己把装满钞票的信封放在大衣口袋中。我对“中研院”的学者讲述这件事时，每个人都瞪大眼睛表示不可置信。

我的解读是这个红包应该不是为陈自己，而是充做海军建设经费。早年财政制度不健全，政府拖欠经费司空见惯，海军向来有靠水吃水的传统，贸易走私、设卡抽税样样都来，大家也都见怪不怪。早在建造“咸宁”号与“永绥”号时，陈绍宽的经费中就有许多湖北与湖南地方士绅商家的赞助捐款，这当中有多少是“不乐之捐”就很值得推敲了。

到了建造“宁海”号时，陈绍宽仍然只能东挪西凑，连播磨造船厂也必须答应分期付款而不必提供担保才能拿到订单，赴日本的监造人员也都不发额外的出差津贴。其他包括使用传统的往复式主机而不采用透宾主机，只采购一架舰载飞机“宁海1号”，回来后以备份发动机再自行制造“宁海2号”，都是在缺少资金的窘况下的变通方法。

建造“平海”号的时候更夸张，所需500万元建造经费全靠海军自行筹措，陈绍宽将历年海军部结余，再加上自己的办公费全部投入。江南造船厂因隶属海军，也被陈绍宽要求只能收材料钱而不得计算人工劳务费用，厂长马德骥因此辞职，由陈绍宽自兼。后来虽然获得财政部长宋子文允诺支持，但仍然经常拖欠，这是“平海”号建造时间竟然长达五年，比在日本建造的“宁海”号足足多了三年半的主要原因。

“宁海”号、“平海”号两舰最常被人批评的不外乎两点：一、上层建筑太高大而且武器装配过多，造成头重脚轻，影响航海性能与安全；二、向未来的敌人日本订造，价钱贵而质量差，一定会被坑。结论是陈绍宽好大喜功，并且媚日。

陈绍宽如果连自己的办公费都贴进去造舰，就不大可能好大喜功。除了前述“宁海”号是为了担任试验舰及练习舰的目的，所以舰上武器装备的密度高到看似不合理外，我们还必须考虑当时中国海军对舰艇的需求主要是让其担负在内战中震慑其他军阀，与在支援地面作战中炮击和运输的角色，战场绝大部分在内河，所以对航海性能要求并不高，头重脚轻稳定性不足的缺点也不是那么重要。

此外不能忽略海军舰艇在陆上作战中舰炮支援的威力。由于过去中国的陆军野战炮兵普遍数量少、口径小，射程、准确度与威力都很差，像“宁海”号、“平海”号的140毫米主炮更是陆军炮兵完全无法匹敌的，所以根本是把海军舰艇当成水面上的机动炮台使用，而不是如一般传统海军将领想象的那样出海进行舰队决战，用后者的标准来要求“宁海”号、“平海”号，当然觉得格格不入。

但到了抗战爆发，当陈绍宽决定让舰队困在封锁线后方防守时，“宁海”号、“平海”号就只剩下防空舰的角色。整个战斗过程中140毫米主炮完全不能发挥作用，只有76毫米高射炮及机枪能够担负对空射击。而在狭窄的江河中回旋困难，日本军机如瓮中捉鳖，全灭只是时间的问题，巨大投资的舰艇还不如岸上的高射炮有用，这是蒋介石预先就料到的，所以不愿对海军舰艇建设做过多的投入，而是把有限的资源转去发展空军。后来抗战实际的发展，也证明蒋介石的看法是对的。

其次谈谈陈绍宽媚日的问题。当时所有的中国人都觉得中、日之间必将一战，此时向日本订造海军最主力的军舰岂不是资敌卖国？从中国人的角度一定会这么想，即使是英国，也常以战争原因扣留别国订造的军舰。不过当初“宁海”号如果不是因为中国财政困难，订单可能早就下给英国的维克斯造船厂了。日本不但报价只有英国的 65%，还答应无担保分期付款，合约完全根据中国当时的财务能力量身订做，这也是中国海军选择日本播磨造船的现实考量。何况播磨造船还获得了日本海军舰政本部的全力支持，许多先进技术设备也都不设限制，看来日本人的态度与我们想象的不大一样。

到了建造“平海”号时，为了节省预算，改由江南造船厂仿制，日方仍然提供全部图纸和技术文件，并派“宁海”号建造总设计师神保敏男来江南造船厂驻厂指导，船体下水与舾装完成之后又开往日本装配武器，直到 1937 年 3 月才完工回国，这一年的 7 月就爆发卢沟桥事变，8 月爆发淞沪会战，中日战争全面开打。这就引来一个难以想象的问题，日本怎么可能让一艘未来必将成为敌国海军主力的战舰在自己的造船厂与兵工厂完成武装并放行回国？而且在过程当中我们并没有发现日本人偷工减料或故意破坏。如果中日双方易位，我们必然会如此做，这也难怪我们会用自己的角度来想当然耳。

日本是个很奇怪的国家，陆、海军之争已经到了匪夷所思的地步，文人政府与军部也经常闹矛盾，所以“平海”号才能在这种巧妙的矛盾中完成武装归国。其实在中日开战之前，日本海军并没有很认真地把中国海军当成潜在的敌人，因为实力相差悬殊，日本海军想象的是与英、美等海军大国在大洋上的舰队决战。何况那时日本还对中国存有幻想，认为蒋介石最终会面对现实，与日本合作参与“大东亚共荣圈”，如果真是那样，中国海军就不是敌人而是盟友了。

南京政府的黄金十年海军建设充满了艰辛与无奈，但也充满了挑战不可能的想象力，中国在往后很多年都没有再看到类似的企图心，这完全都是因为一个人的执着与坚持，那个人就是陈绍宽。

电雷学校与快艇大队

电雷学校与快艇大队

1932 年，军事委员会委员长蒋介石为了建立一支将来能与闽系（马尾派，即当时自称为“中央海军”的海军部与所辖第一、第二舰队）抗衡的嫡系海军，委派欧阳格在江阴创立了电雷学校。电雷学校的一大特色，就是不但是军校，同时也是战斗部队，因为学校下辖一个鱼雷快艇大队与一批练习舰艇，俨然一支独立的小型海军。

电雷学校创立的用意既然在培养非闽系的海军干部，当然备受旧海军的排挤。电雷学校不隶属闽系把持的海军部而是直属军政部，而海军部长陈绍宽也不承认电雷学校是海军，对毕业生不叙资历、不授阶、不录用，甚至反对他们穿海军制服，双方斗争相当激烈。电雷学校自称是“海军的黄埔军校”，自是受到蒋介石的特别照顾，电雷学校毕业生到台湾后许多都位居海军要职，如前“参谋总长”黎玉玺便是代表人物，但他们在抗战时却非常憋屈。

电雷学校在 1938 年 6 月 28 日被突然撤销，所属 12 艘鱼雷快艇及其他可用装备被交予海军总司令部成立的快艇大队参加作战，而电雷学校教育长欧阳格中将（实际校务负责人，因当时军校校长皆由蒋介石兼任）后来被以贪污罪名枪决，真正原因至今仍众说纷纭。

电雷学校总共开办了四期，真正自电雷学校毕业的只有头两期，后两期的学生在学校撤销后被并入已迁至内地的青岛海军学校，毕业时按照青岛海军学校的期别，抗战胜利后为消除派系，各海军学校都统一以毕业年班来排序，不再存在各自的期别。

青岛海军学校由于沈鸿烈的原因与闽系一向对立，当电雷学校并入青岛海军学校后，双方更是一致对外，在战后与桂永清一拍即合，成为蒋介石整肃闽系海军的种子部队。

史34、史102、史181、史223、文42、文88、文93、文171、颜53、颜161、颜92、颜164

本级艇为英国桑克罗夫特（Thorncroft）公司建造的CMB-55级海岸摩托鱼雷快艇，这种超轻型鱼雷快艇与从前那种类似于旧式驱逐舰的大型鱼雷艇完全不同，采用木质艇壳，排水量只有14吨，艇长16.7米，宽3.35米，吃水1米，2部汽油主机，最大功率950马力，最大航速高达40.3节，续航力300海里，乘员5人。装备2枚457毫米鱼雷、2挺7.7毫米双联机枪、4枚水雷。（请参阅第24页彩图）

本级艇为了利于火车装载，便于在内陆进行机动转运，排水量与尺寸都设计得非常小，以至于造成无法使用传统的发射管来发射鱼雷，而必须使用槽射方式发射。所谓槽射发射，就是将鱼雷放在艇艉的滑槽中，当要发射鱼雷的时候，鱼雷兵松开鱼雷的固定夹，让鱼雷从艇艉滑入水中，自行向目标前进，然后快艇加速转向撤离，以便为鱼雷让出攻击航线。当然这种攻击方式的准确性要差得多，不过本级艇是第一次世界大战期间英国海军专门用来攻击停泊在港湾内的舰船的，也就是主要用来攻击固定目标，而不是在海上高速航行的运动目标，对于作战手段非常细化的英国海军来说，专门设计这样一种鱼雷快艇无可厚非，因此英国海军更看重的是陆地上火车运输的能力，在排水量和航海性能上也就不得不牺牲一点了，但是中国海军订购这种任务非常单一、性能又相对落后的鱼雷艇，显然就不太合适。

从1933年到1938年，中国向桑克罗夫特公司总共订造了18艘鱼雷快艇。除了广东海军采购的于1934年1月接收的“快艇1号”与“快艇2号”2艘之外，电雷学校在1936年接收了“史”字号4艘（组成史可法中队）、“文”字号4艘（组成文天祥中队）总共8艘。电雷学校的8艘鱼雷艇艇长都是上尉军衔，全都是电雷学校一期毕业生，各艇艇长分别是：“史34”号艇长姜翔翱、“史102”号艇长胡敬端、“史181”号艇长杨维智、“史223”号艇长陈溥星、“文42”号艇长黄震白、“文88”号艇长谢宴池、“文93”号艇长吴士荣、“文

171”号艇长刘功棣。

1937 年 8 月 16 日，“史 102”号袭击了停泊在上海黄浦江上的日军舰队旗舰“出云”号，这种任务倒正好是 CMB-55 级海岸摩托鱼雷快艇设计的初衷，可以说是最合适的，但却在接近“出云”号时被日军发现，还没来得及发射鱼雷，就被“出云”号上的炮火击沉在外滩（见“史 102”号突袭“出云”舰事略）。

9 月 29 日，“史 34”号在江阴担任警戒任务时遭到日军飞机空袭，被炸弹命中而沉没，艇长姜翔翱等九人阵亡。

11 月 13 日，“史 181”号在金鸡港攻击日舰，没有取得任何战果，反而被日舰击沉，这次攻击率队出击的行动总指挥电雷学校总训练官马步祥与艇员叶永祥阵亡。

1937 年 10 月，电雷学校再向桑克罗夫特公司追加采购 8 艘鱼雷快艇，但当 1938 年建造完工将要交货时，沿海地区已经大部分沦陷，特别是长江口也已被日军严密封锁，根本无法从外海进入长江，因此这批快艇中的 6 艘在运抵香港时就被港英政府扣留，后来经过中国政府的交涉，港英政府买下了其中的 2 艘，其余 4 艘经粤汉铁路运往内地，组成颜杲卿中队的“颜 53”号、“颜 92”号、“颜 161”号和“颜 164”号。

根据日本方面的资料，这次向英国订购但未能交给中国的 2 艘快艘于 5 月 5 日接收后，在 5 月 8 日进行试航时发生相撞事故而双双沉没。不过这一说法并没有确切的证据予以证实。

1938 年 6 月，电雷学校撤销，仅剩的 4 艘快艇于 7 月间连同之前南下增援广东的 4 艘快艇，总共 8 艘一同用火车运回，编入海军总司令部直辖的快艇大队，除颜杲卿中队、文天祥中队各有 4 艘英制快艇，岳飞中队有 3 艘德制快艇外，史可法中队因为战斗损失只剩下“史 223”号 1 艘，所以直属快艇大队全队总共有 12 艘快艇。

1938 年 7 月 14 日，“文 93”号在湖口江面以鱼雷攻击停泊中的日军布雷舰“鸥”号，将其舰艉炸断，后轮机舱里的日军水兵全部被炸死，之后“文 93”号在撤出战斗时被闻讯赶来追击的日军浅水炮舰“鸟羽”号与“势多”号的舰炮击伤。对于“鸥”号的损伤，日本方面一向都说是漂雷造成的，从来不承认是被鱼雷快艇击伤，但当时中国军队尚未使用漂雷，而当晚“文 93”号的确曾使用鱼雷攻击过“鸥”号，所以被“文93”号击伤的可能性是很大的。这也是中国海军的鱼雷艇在抗战期间重创敌舰的罕见战例。

1938年7月17日，“史223”号在湖口出击时，因为和陆军方面沟通不畅，不知道陆军已经在湖面敷设了阻塞网，结果被阻塞网缠住螺旋桨叶，艇员面对这一突发状况时又处置失当，最终导致沉没。

港英政府购入的2艘鱼雷艇于1939年9月由英国驻香港海军分舰队接收，分别命名为“MBT-26”号与“MBT-27”号，编为香港第二鱼雷艇队。1941年12月太平洋战争爆发，日本进攻香港，“MBT-26”号于12月19日被日舰击毁，“MBT-27”号由中国海军中将陈策率领，运送港英政府的高级军政人员逃往内地，于12月25日在大鹏湾平州登岸后自行凿沉。

1939年9月，除岳飞中队的3艘德制快艇因体积太大无法以火车运输外，其余8艘英制快艇都撤入广西梧州，与粤海舰队的残存舰艇合编，组成粤桂江防司令部快艇大队，下辖鱼雷艇共10艘。10月下旬，“颜92”号在广东三水遭到日军3艘炮艇围捕，一弹未发就被日军俘获，随后日军将这艘基本完好的快艇装船运回日本研究。由于日本战前对鱼雷艇的研究很少，所以这艘完好的英国鱼雷快艇对日本研制鱼雷快艇大有帮助。

1939年4月1日快艇大队撤销，剩余的9艘快艇编为两个分队，直属粤桂江防司令部，并重新命名为“成功”号、“天祥”号、“壮缪”号、“武穆”号、“继光”号、“廷弼”号、“可法”号、“世昌”号、“杲卿”号。由于在内河作战时鱼雷难有作用，于是这9艘快艇全都卸下鱼雷，加装机枪改装成巡防快艇，主要担负水面巡逻任务。

1944年9月，日军进犯广西梧州，因上游水浅无路可去，面对逐渐逼近的日军，粤桂江防司令部只得下令破坏所有舰船，9艘快艇中有5艘自沉于石龙，4艘自沉于柳州，无一幸存。至此，18艘CMB-55级海岸摩托鱼雷快艇损失殆尽。

电雷学校向英国订造的CMB级鱼雷快艇在测试中。

电雷学校向英国订造的CMB级鱼雷快艇在测试中，她的前主桅是可以倒放收合的，以方便火车运输。

电雷学校向英国订造的CMB级鱼雷快艇挂满旗，所有的机枪都已经装上了。

两艘电雷学校的英制CMB级鱼雷快艇在训练时靠泊母舰。

同心、同德、自由中国

“同心”号、“同德”号为浅水运输舰，江南造船厂 1936 年 1 月建造后由军政部交予电雷学校作为练习舰兼布雷舰使用，舰长为少校军衔，首任舰长分别为电雷学校主任教官徐师丹与胡凌（徐师丹在 1937 年 12 月从南京撤退时，于下关因难民蜂拥登船，竟翻覆而溺死）。两舰长 48.8 米，宽 8.7 米，舱深 2.7 米，吃水 2 米，排水量 509 吨，燃煤锅炉，往复式蒸汽主机，最大功率 2184 马力（“同德”号）、2500 马力（“同心”号），航速 16.4 至 16.5 节，装备 1 门 76 毫米炮、4 门 47 毫米炮。

电雷学校撤销后两舰直属军政部，抗战期间于大后方担任川江运输舰。“同心”号于 1949 年 12 月 7 日在云阳起义，当时本舰借给联勤总部运输署担任运输任务，在万县时舰长江淦三中校随同官兵 80 余人，将全船所装载的数百箱弹药及四艘民生公司的江轮一同开赴云阳起义。

“同心”舰起义后载运解放军 42 军军部到达汉口，并将船交给中南军区后勤部船舶大队作为军用运输船使用，后又转交给长江航运局作为民用运输船，并改名为“长江九号”。

“自由中国”号练习舰于 1937 年 1 月由商船改装，排水量 1080 吨，首任舰长为电雷学校教官陈立芬。有一种说法，“自由中国”号是来自海军运输舰“普安”号，“普安”号的前身是奥匈帝国亚斯特朗·利沃德（Austrian Lloyd）公司商船“伯罕米尔”号（SS Bohemia），在第一次世界大战中被中国作为敌产接收，后先改名“华丙”号商船，之后被海军征用成为运输舰，再改名“普安”号。

1937 年春，该舰曾搭载电雷学校第二期航海科师生 248 名赴南洋做远航训练，归航时战争已经爆发，海岸都已被日军封锁，本舰只好在香港靠岸，人员从陆路返校。电雷学校撤销后，本舰名义上改隶青岛海军学校，但实际上从未由青岛海军学校使用，1941 年在香港出售。

军政部直辖的“同心”号运输舰交给电雷学校专用。

1937 年 8 月上海淞沪会战爆发，电雷学校第三期学生正在南京陆军军官学校接受入伍训练，匆忙结束训练搭乘“同心”号运输舰返回镇江校区准备应战。照片中可见他们还身穿陆军服装。

电雷学校的“自由中国”号练习舰搭载学生自南洋远航归来时战争正好爆发，长江口已经无法进入，只能停泊香港，师生由陆路返校，船只最后变卖。

戚继光

电雷学校曾在 1936 年向德国下了一艘鱼雷艇母舰订单，由德国罗兹托克的海王星(Naptun Werft)造船厂建造，1937 年 12 月下水，本来预定于 1938 年完工服役，命名为“戚继光”号，但由于德国与日本结为轴心联盟，情况有所改变。不久第二次世界大战爆发，更加无法交货，该舰随后转入德国纳粹海军服役，名为“坦加”号(Tanga)。本舰第二次世界大战后被美军接收，并于 1948 年 6 月被交予丹麦海军，改名“埃吉尔”号(Aegir)，舷号“A-560”，1967 年 1 月退役。

“戚继光”号舰身长 91.1 米，宽 13.56 米，吃水 4 米，标准排水量 2190 吨，满载排水量 2620 吨，主机为柴油发动机，最大功率 4100 马力，最大航速 17.5 节，乘员 200 人。装有 4 门 76 毫米炮、2 座 37 毫米双联高射炮、4 门 20 毫米机炮、储存鱼雷 24 枚，丹麦接收后将高射炮改为 6 门 40 毫米高射炮。

电雷学校曾在 1936 年 12 月 19 日向香港的黄埔船坞以港币 88.8 万元订造了一艘鱼雷艇母舰，预定完工后命名为“谭纶”号。本舰数据不详，去向亦不明，据分析可能根本未曾完工。

海军抗战事件簿

淞沪会战

虽然现在多以 1937 年 7 月 7 日爆发的卢沟桥事变作为抗战的开始，但卢沟桥事变与过去中、日在华北的历次冲突本质并无二致，事后双方也签署了和平协议。真正军事抗战的开始应该是 8 月 13 日的上海淞沪会战，或称“第二次上海事变”。既然是“第二次”，那么当然就有“第一次”，也就是 1932 年 1 月 28 日的“一·二八事变”，这两次上海事变是有因果关系的。

“一·二八事变”中日双方谈判的停战协议条件是为防止上海再度变成战场，中国军队退出市区，改由保安团进驻，而日本则成立上海海军特别陆战队，常驻虹口。上海海军特别陆战队的编制人数包括军官 59 名、士官 54 名、士兵 1867 名，淞沪会战时再由本土舰队陆战队增援 400 名，另外还有汉口特别陆战队 200 名，舰队陆战队增援 100 名，总兵力达到约 2700 名，1937 年时的司令是大河内传七海军少将。

日本海军还在上海四川北路兴建了一座巨大如碉堡的特别陆战队司令部，于 1929 年竣工。在特别陆战队司令部的车库中有 4 辆小型坦克、7 辆英国制维克斯装甲汽车、9 辆带机枪的跨斗摩托车。另外有一个炮兵大队装备 150 毫米榴弹炮 4 门、120 毫米榴弹炮 4 门、山炮 12 门，及速射炮、高射炮、迫击炮等多门火炮，火力与机械化程度远远超过一般日本陆军部队，成为日本在上海执行“炮舰外交”政策除了军舰之外最有力的工具。（请参阅第 27 页彩图）

1937 年的卢沟桥事变让蒋介石觉得发生在北方的战事对中国不利。由于华北的地形适合日军发挥其机械化部队与空中的优势，而且距离上海遥远，西方列强感受不强烈，无法形成国际压力，如果将战争的重心移来上海，一方面都市地形日军优势无法发挥，而且与租界近在咫尺，西方列强感受强烈，说不定就能引起国际干预。此外上海日本驻军不多，只有特别陆战队区区 2000 多人，如果一次调集数个德械师以大吃小将之歼灭，就能旗开得胜，赢取谈判筹码。

基于这种战略思维，蒋介石暗中派出第二师换穿保安团的制服混入上海市区，准备有所行动。特别陆战队得知情报，派中队长大山勇夫中尉前往调查，结果在虹桥机场门口，大山连同座车驾驶兵双双被卫兵击毙，史称“虹桥机场事件”，中日全面冲突也从此开始。

蒋介石派出最精锐的三个德械师——第 88、87、36 师，再加上坦克、炮兵、工兵以及空军飞机的配合，意图以优势兵力在西方人面前一口吃掉日本上海特别陆战队，从而扩大国际影响，不料事与愿违，特别陆战队在黄浦江上日本军舰舰炮的支援下以寡敌众，负隅顽抗，导致双方逐渐增兵，最终演变成百万人规模的大会战。在会战最后阶段，混乱的撤退使中国军队多年累积的精锐消耗殆尽，导致首都南京的防御力量严重削弱，也让中国军队在抗战开始的头几年都难有作为。（请参阅第 28 页彩图）

虽然中、日在上海进行了百万兵力规模的大会战，但双方始终未曾宣战。由于日本是侵略者，如果宣战，双方就变成平等的交战国，这对处于弱者地位的中国争取国际同情是不利的。而日本所有维持战争的物资包括废铁及石油都必须仰赖进口，这些战略物资的进口来源都掌握在英、美、荷等西方国家手中，宣战连带而来的就是禁运，只要禁运一个月，日本的战争机器就会停摆。事实上四年之后的太平洋战争就是如此，由于美国对日本实施油铁禁运，日本为了夺取南洋的石油资源不得不先偷袭珍珠港，以削弱美国海军的力量，这些都是有因果关系的。中国直到 1941 年底珍珠港事件发生，第二次世界大战全面爆发才加入以英、美为主的同盟国阵营，并正式对轴心国宣战。

出云舰的恩怨情仇

出云舰

“出云舰”当年在上海黄浦江上，大概是中国军队最想要击沉的目标吧！从海军的鱼雷艇、潜水兵，到空军的轰炸机，几次下手都未能成功，甚至还造成上海民众的重大死伤，最后不得已只能凭幻想创造出许多“出云”舰被击沉的神话，台湾甚至在 1970 年代还以此拍了两部剧情很荒诞的电影，击沉“出云”舰的神话一直延续到现在还在传播。

“出云”舰为日本遣华第三舰队的旗舰，是英国阿姆斯特朗造船厂建造的装甲巡洋舰，于 1898 年 5 月开工，1899 年 9 月 25 日下水，1900 年 9 月 1 日完工，当时列为一等巡洋舰。本舰水线长 132.28 米，宽 20.94 米，吃水 7.37 米，排水量 9750 吨，燃煤锅炉，往复式蒸汽主机，双轴推进，最大功率 1.45 万马力，煤炭搭载量 1412 吨，最大航速 20.75 节，最大的外观特征就是三个硕大的烟囱。（请参阅第 29 页彩图）

“出云”舰被列为装甲巡洋舰，全舰各处包覆厚重装甲，譬如在主水线带 88 至 175 毫米、上部水线 125 毫米、甲板 67 毫米、炮塔 150 毫米、炮郭 150 毫米、司令塔 75 至 380 毫米。火炮兵装为双联 203 毫米炮 2 座、单管 152 毫米速射炮 14 门、单管 12 磅速射炮 12 门、单管 2.5 磅速射炮 8 门、457 毫米鱼雷发射管 4 具、探照灯 5 具，总乘员 672 人。同级舰还有“盘手”号。

“出云”舰建成返国，服役不久就参加了日俄战争的对马海战。1921 年因老旧从第一线退下，改为一等海防舰，1931 年改称海防舰，这段时间大多担任海军兵学校的练习舰进行远航训练，曾抵达欧、美、澳等许多国家和地区访问。

1937 年因中日战事紧张，日军将华北与华东两支舰队整合成为第三舰队，由长谷川清中将担任司令，并将“出云”舰整修加装水上飞机，从日本本土调来上海担任第三舰队的旗舰（当时舰长为岩越寒季大佐）。“出云”舰在 1937 年 8 月的上海淞沪会战中以 203 毫米重炮支援陆上战斗，成为中国海空军必欲消灭的第一目标。在淞沪战役中，本舰多次遭到中国空军飞机投弹及电雷学校鱼雷快艇突袭，不过并未受到致命损伤。（请参阅第 31 页彩图）

史102号鱼雷艇突击出云舰

1937年8月14日，电雷学校快艇大队大队附安其邦中校率“史102”号（艇长胡敬端）、“史171”号（艇长刘功隶，二人都是电雷学校第一期）两艘英国制造的CMB级鱼雷快艇伪装成民船，由江阴经内河潜赴上海。16日晚8时，“史102”号从上海新龙华出动，经过三道沉船阻塞线，避开英、法、意各国舰艇的监视，冲向正停泊在日本邮轮码头的“出云”舰，在距离300米处以50度射角发射了两枚鱼雷，一枚击中防雷网，炸毁了敷网的驳船，1枚则击中岸壁。（请参阅第33页彩图）

“出云”舰的反应很快，“史102”号才转向脱离时就被击中油柜而损坏，半浮沉于九江路税关栈桥附近，艇员将艇上机枪抛入水中后游泳逃逸，艇员有一人负伤。这次出击并没有对“出云”舰造成任何实际战果，但是让艇长胡敬端成为海军的抗日英雄人物。胡敬端在抗战胜利后担任“长治”舰上校舰长，1949年9月在该舰起义时因不同意起义被杀（“长治”舰是抗战胜利接收的日本驻华舰队旗舰“宇治”舰，在“重庆”舰回国之前是中国海军最有战力的军舰，长期担任第一舰队旗舰，起义后成为解放军东海舰队旗舰“南昌”号）。

潜水兵攻击“出云”舰

1937年10月2日，六名水兵包括王宜生与陈兰藩等携带三枚水雷潜入日本驻沪领事馆栈桥破坏“出云”舰，被发现后引爆水雷，只炸毁了几艘驳船，炸损日军警戒的小火轮、部分堤岸，并造成日本驻上海总领事馆的大门马路龟裂。

中国空军攻击出云舰

1937 年 8 月 13 日淞沪事变爆发后，中国空军的飞机曾多次攻击停泊在苏州河口日清汽船码头的“出云”舰，在 14 日下午连续发生两次误击事件，造成公共租界大量平民伤亡。第一次是下午 3 时许，由于云层阻挡，进攻的飞机必须降低高度，但飞行员仍然用原来设定的前置量投弹，结果炸弹提早落地在华懋饭店（今和平饭店）门前的南京路上，造成 400 多人死亡，其中许多是西方人。接着 4 时 35 分，第二大队一架由祝鸿信驾驶的飞机，后座轰炸员雷天眷将 800 磅炸弹投在大世界游乐场前人潮聚集地，造成周边 1 平方公里内全毁，800 人死亡，600 人受伤。前后两次爆炸的总伤亡人数统计是 2021 人。

空军内部对雷天眷立予关押处理，并对外宣称是因为座机被击中挂弹架，造成炸弹坠落所造成，避免在抗战一开始就因此事丧失民众的支持。但这段上海市民亲眼目睹、国民政府及当事人当时也承认的事实，到了抗战胜利后却被刻意扭曲，国民党政府官方一直指称这是日本飞机故意屠杀上海人民。（请参阅第 34 页彩图）

击沉出云舰的神话

由于“出云”舰多次成为中国飞机与鱼雷快艇的攻击目标却没有遭到损坏，所以最近传出所谓的日本最新解密文件指称“出云”舰在被攻击后受伤甚重，日军为怕其在上海滩公然沉没于国际媒体与中国军民眼前，连夜将之拖出港外，驶回日本抢修，但在途中因补漏不及而沉于海中，日军见状，立刻召来“出云”舰的姊妹舰（如为事实，当为“盘手”舰）驶回上海，不明就里的人以为“出云”舰有着金刚不坏之身，经过如此猛烈的攻击后居然还能毫发无损（陈香梅所著《陈纳德与飞虎队》中就持如此说法）。

然而根据日方记录，“出云”舰于 1944 年回到日本，1945 年 7 月 24 日在吴港与姊妹舰“盘手”舰同被美机炸沉，1947 年拆解。这是有正式记录的，不过日本倒真有数艘军舰与“出云”舰外观极像，除了真正的姊妹舰“盘手”舰外，还有德国制造的装甲巡洋舰“八云”号和“吾妻”号，可能因此造成混淆。

1970年代香港功夫片导演张彻应隶属台湾军方的“中国电影制片厂”之邀赴台湾拍摄《海军突击队》，电影剧情就是以“史102”号突击“出云”舰为蓝本，当时的国民党海军倾全力支持，还把报废的“咸阳”号驱逐舰改装扮演“出云”舰，最后予以爆破，可谓大手笔。可惜张彻率领的一帮打仔徒弟把这部片子拍成不伦不类的“海军功夫片”，不但剧情严重脱离史实，打仔们流里流气的演出方式更是有损抗战中国海军的形象，海军大为反感，听说把拷贝都烧了。

同一时期，这艘道具“出云”舰还让国民党的“中央电影公司”拍摄了《笕桥英烈传》，虽然不像张彻的《海军突击队》那么夸张，但是剧情中沈崇诲以“神风特攻队”的自杀攻击方式驾机冲撞，并击沉“出云”舰，也与事实相去甚远。

“史102”号鱼雷艇在突击“出云”舰前所做的伪装准备。

日本海军“遣支舰队”旗舰“出云”舰（有三个烟囱的军舰）停泊在上海日清码头前。

“史 102”号鱼雷艇突击“出云”舰不成反被击毁，艇员将机枪拆卸抛江后弃船。图为第二天清晨被发现半沉在上海外滩九江路口的“史 102”号残骸。

受到“史 102”号鱼雷艇突击“出云”舰的刺激，日军飞机大举轰炸电雷学校快艇大队基地。

在三水被日军俘虏的电雷学校“颜92”号鱼雷艇。

一群日本海军军官在检视被其俘获的“颜92”号鱼雷艇。可以很清楚地看到艇身非常狭窄，以及艇后半部特殊的槽射鱼雷方式，还有驾驶舱内的舵盘等结构。

由于日本海军在战前并不重视摩托鱼雷快艇的发展，所以到了战争后期需要鱼雷艇时，这一批俘获的电雷学校英制CMB级鱼雷艇就成了日本研制开发鱼雷快艇很重要的参考对象。

中国海关小艇母舰“福星”号被日军俘虏，改名“白沙丸”号。本来由列强主持的中国海关以为可以不必理会中日战争，照常在上海运作，但由于电雷学校的“史 102”号鱼雷艇突袭日军“出云”舰，日军以为该艇即“福星”号，因为两艘快艇的外形十分相似，日军于是以此为理由强行登舰将其接收。

江阴封锁线

1937 年 8 月 13 日淞沪会战爆发，中国军队在投入大量兵力浴血奋战后仍然无法守住上海，残部纷纷往南京方向撤退，混乱之中，花费重金建设的“京沪国防线”也未能发挥预期作用。此时日本挟其海军优势，利用长江水运之便，沿江上溯进攻南京已经成为必然。由于中日双方海军实力存在巨大差距，完全不可能进行舰队决战，这时中国海军唯一能做的就是在长江实施阻塞封锁，选择的地点在南京下游最狭窄的江面，即所谓“江阴封锁线”。这条封锁线的作用，除了防止日军溯江进攻南京，还可借机掳获上游大量的日本舰船与物资。（请参阅第 35 页彩图）

1937 年 8 月 11 日下午，蒋介石亲自向海军部长陈绍宽下达封锁的命令，除了破坏江阴以下的航标外，最主要是征集商船与老旧军舰自沉。从 12 日开始，第一波包括“通济”号练习舰、“大同”号和“自强”号巡洋舰、“威胜”号和“德胜”号水上飞机母舰、“武胜”号炮舰及“辰字”与“宿字”鱼雷艇，总共 8 艘，加上从招商局与各轮船公司征用的 23 艘商船，包括“嘉禾”号、“新铭”号、“同华”号、“遇顺”号、“泰顺”号、“广利”号、“醒狮”号、“华新”号、“回安”号、“通利”号、“宁静”号、“鲲兴”号、“新平安”号、“茂利二号”、“源长”号、“母佑”号、“华富”号、“大篢”号、“通和”号、“瑞康”号、“公平”号、“万宰”号、“泳吉”号，以及没收的 8 艘日商船只，沉塞于江阴水道。

第一波沉塞后，发现缺口过大，舰船仍可能通过，只好再征召“海圻”号、“海容”号、“海筹”号、“海琛”号 4 艘老旧巡洋舰，并补以各式民船 185 艘，装满石料凿沉才完成封江作业。而为了防守这条封锁线，之后的海空战役又损失了“宁海”号、“平海”号、“逸仙”号、“应瑞”号等主力舰艇。如此大的代价竟然因一名汉奸——行政院秘书黄浚向日方通风报信而完全徒劳无功。日本在长江上游的舰艇和商船闻讯，连夜起碇下驶逃跑，根据事后调查，有些日本家庭刚做好晚餐上桌，连筷子都还没动就离开，可见当时情况之紧急。由于未奉命令，阻塞线的海军官兵只能眼睁睁看着一艘艘日本舰船载着大批侨民蜂拥通过，最后只捕获两艘日清株式会社的“岳阳丸”

号(3298吨)与“大贞丸”号(1369吨)，交予招商局营运，分别改名为“江汉”号与“江襄”号。(请参阅第36页彩图)

由于能参加行政院秘密会议的人极少，作为会议记录的秘书黄浚因此马上受到了怀疑，后来果然查出是他到南京国际咖啡馆衣帽间挂帽子，日本领事馆的职员随后戴着同样的呢帽进入，并故意拿错帽子，将黄浚藏在帽中的情报带回。跟踪监视黄浚的军统人员则是戴着同样的帽子骑自行车故意撞倒日本人，在混乱中再把帽子换走，这才拿到黄浚泄密的证据。案件破获后，黄浚及其子黄晟与同党10余人被枪决，成为抗战中第一批伏法的汉奸。

不过也有人对黄浚“汉奸”说持怀疑态度，甚至影射黄浚是政治斗争的牺牲品，理由是陈绍宽的沉船封锁动作很明显，任何经过江阴的船只都知道，不需要黄浚泄密，日本人就应该已有警觉。但这些都是推论。

陈绍宽的沉船封江举动固然壮烈，但当年中国航运实力如此薄弱，还要征集如此多的船只沉江，造成整个战争期间甚至抗战胜利后，复员的水上运输力量都严重不足，所以也有人质疑陈绍宽的做法是否正确。其实不仅是江阴封锁线，在抗战期间许多地方也都曾用沉船方式封锁航道，譬如青岛、杭州湾、田家镇。

江阴封锁线的沉船。

抗战初期江阴的沉船阻塞线。当时征集了大量的商船自沉，本来就已经很衰弱的中国航运界经此打击，一直到战争结束后运力都难以恢复。

日本海军航空队飞机在长江轰炸中国海军舰船。

抗战商船

两次世界大战中，各参战国都把商船当成是重要的战略武器，商船队的运输能力直接决定战争的胜败与国家的存亡，而商船船员的阵亡率甚至比海军还高，所以讨论现代战争不能不谈到商船。不过抗战的情况比较特殊，由于中国一向海运能力薄弱，内河航运却十分发达，但又因内河航行权被列强的航商控制，所以必须从不同的角度来看。

早年中国最大的航商就是国营招商局轮船公司。淞沪会战刚开始，招商局总经理蔡增基就将上海业务委托美商卫利韩洋行代理，并将新造的四艘海轮“海元”号、“海亨”号、“海利”号、“海贞”号连同总公司及资料账册迁往香港。1938 年 12 月，蔡增基将这四艘海轮连同“海云”号共五艘轮船在香港出售。由于招商局账目不清，重庆政府的主管单位交通部正头疼于无法核对时，正好 1941 年底太平洋战争爆发，日军攻入香港，蔡增基逃往澳门，并用电报向重庆报告所有账册资料全部毁于日军战火，并拒绝回部述职，于是这个中国最早开办的现代化企业就此关门大吉。这笔胡涂账到后来也一直没有办法理清，直到 1943 年 4 月因不平等条约废除列强内河航行权取消，国民政府才在重庆以长江航运处为基础成立招商局总局，但这个招商总局等于是新建的，和原来清末盛宣怀设旨招商的那个招商局已经没有任何关系了。

抗日战争爆发后招商局撤入长江上游的江轮有“江顺”号、“江安”号、“江华”号、“江大”号、“江靖”号、“江天”号、“江裕”号、“建国”号、“快利”号、“海祥”号、“海瑞”号、“新丰”号、“江新”号大型轮船 13 艘，“恒吉”号、“恒通”号、“利济”号、“津通”号、“骏发”号、“河宽”号、“利源”号、“利航”号小型轮船 8 艘，并由长江业务管理处统筹调度，至 1943 年才在重庆再度恢复招商局。

抗战期间部分船只被日本飞机空袭而毁，譬如“江华”号与“江建”号。“江华”号被焚毁，“江建”号捞起修复，另由其他单位拨调部分船只。至抗战结束时，招商局计有 2000 吨至 4000 吨的大型江轮 6 艘，排水量总计 2.18122 万吨；500 吨至 1000 吨的中型江轮 5 艘，排水量总计 1802.34 吨；20 吨至 50 吨的小轮 7 艘，排水量总计 227.23 吨。

抗战胜利后，所有敌伪船只都由政府指定招商局负责接收，共有 2400 艘，排水量总计 23.8813 万吨。其中招商局留用 314 艘，排水量总计 8.1297 万吨；发还原主或出售 2048 艘，排水量总计 15.6029 万吨；未查明原主者 38 艘，排水量总计 1550 吨。

相较于国营的招商局，对抗战贡献更大的是民营的民生实业公司。民生公司由四川人卢作孚所创立，在抗战前通过购并整合，已经是川江航运的霸主。抗战爆发时，来自全国各实业、工厂、大学、研究机构的大批物资、机器设备、图书文物堆积在宜昌江边的河滩上等待运往重庆，这些都是宝贵的资源，对于抗战能否持续进行下去至关重要，可是轮船太少，冬季枯水期又将到来，运量大吃水深的船只日益无法行驶，而日军先锋部队随时可能到达，现场一片混乱，众人包围航商的办事处成天争吵，却想不出解决的办法。

这时卢作孚出面了，他根据自己对川江航运的了解设计了一套方案，重点是只要通过三峡就可卸货而不必直驶重庆，如此就可让船只迅速返回到宜昌再多跑几趟，运力凭空增加好几倍，再加上自己公司的轮船全力支持，果然在枯水期来临前把宜昌积压的物资全部运光。卢作孚如此有把握，是因为他知道日本人一时之间还无法攻入三峡天险，可争取一年的缓冲时间慢慢疏运。卢作孚在宜昌大撤退中一举成名，为抗战胜利奠定了基础，政府还借重他的专业能力，聘他担任交通部常务次长，专门管理航运。（请参阅第 37 页彩图）

民生公司在战争期间负责了后方大部分的军运，由于日军的空袭，船只与人员的损失也相当大。当时国民政府对被征收的商船承诺战后予以补偿，但数量太大无力兑现，部分改发战后新成立的复兴航运公司的股票，更多的航商直到 1949 年国民党败走台湾也完全没能得到补偿。

家祖父当年在长江经营轮船公司，战时被政府征收了五条船，当时他还担任长江轮船公会的常务理事兼秘书长，抗战胜利时在重庆为向国民政府求偿的事奔波劳累过度，心脏病发死于朝天门码头上。最后国民政府的承诺成为空头支票，至今还可以在图书馆查到当时申请赔偿的公文。

1937年8月淞沪会战爆发，根据日军记载在上海俘虏了中国海军“锦江”舰为其所用，但实际上中国海军并无“锦江”舰，日军俘虏的是民船“峨嵋”号。

1937 年 9 月 14 日，准备登陆虎门要塞的日军陆战队在甲板上集合。

准备登陆虎门要塞的日军陆战队换乘小船通过一艘驱逐舰的船艏。

抗战期间中国海军自制的定雷。

抗战期间中国海军自制的漂雷（前排）与定雷。

1937 年，中国军队在上海曾两次派遣潜水员携带水雷对“出云”舰实施攻击。第一次使用的意大利制水雷由于威力太小没有成功，第二次在 10 月 2 日夜，六名中国水兵携带三枚中国自制的“海丙”式电发水雷潜入日本驻沪领事馆旁停泊“出云”舰的栈桥，由于防护网的阻挠，仅王宜生与陈兰藩两人得以进入，但被日军发现，不得不提前引爆水雷撤出。水雷炸毁了堤岸及几艘驳船，并炸损日军警戒的小火轮(上图)，让日本驻沪领事馆的大门地面龟裂(下图)，但“出云”舰未受影响。(摄影者：玉川正君)

抗战海军布雷队征集的大木船，可见所有人都穿陆军制服。

中国海军抗战舰艇战损全纪录

1937年

8月16日：“史102”号鱼雷艇突袭“出云”舰，被击沉于上海外滩。

8月25日：“永健”号炮舰在防卫江南造船厂时被日机击毁半沉于船厂前。

8月26日：“皦日”号测量舰在通州洋面执行破坏灯标任务时被日舰及日机击沉。

9月23日：“平海”号巡洋舰遭日本海军第12与第14航空队40多架飞机炸伤，在长江北岸岸边右舷侧倾斜45度搁浅。

9月24日：“宁海”号巡洋舰在往上游逃避日机攻击时被日机60公斤炸弹多枚炸伤，最后力尽，舰艏向长江北岸岸边搁浅并向右舷侧倾斜。

9月25日：“逸仙”号巡洋舰在江阴遭敌机16架攻击，因多处中弹进水向左侧倾倒而沉没，阵亡官兵14人，轻重伤8人。

9月25日：“建康”号驱逐舰在江阴被10余架日机攻击命中八弹而炸沉，阵亡9员，舰长齐粹英以下负伤28员。

9月25日：“肇和”号巡洋舰、“海周”号与“海虎”号炮舰于广东虎门战役中被日机炸沉于黄埔，“海维”号炮舰被炸沉于崖门，“舞凤”号炮舰被炸沉于磨刀门。

9月29日：“楚有”号炮舰被日机击沉于江阴六圩港。

9月29日：“史34”号鱼雷艇在江阴警戒时被日机击沉，艇长姜翔翱等9人阵亡。

10月2日：“青天”号测量舰被日机炸毁沉没于江阴龙稍港。

10月3日：“江宁”号炮艇被击沉于炮子州。

10月3日：“湖鹏”号鱼雷艇被日机炸沉于江阴之目鱼沙，“湖鹗”号鱼雷艇被日机炸沉于于鲥鱼港。

10月23日：“应瑞”号巡洋舰在江阴采石矶卸炮时被日本飞机炸沉，死15人，伤40人。

10月31日：“史181”号鱼雷艇在金鸡港攻击日舰不成反被击沉，率队之总训练官马步祥与艇员轮机兵叶永祥阵亡。

1938年

3月27日：“义胜”号炮舰被日机3架击沉于马当及湖口要塞防线。

5月31日—6月1日：“抚宁”号、“肃宁”号、“正宁”号炮艇被日机击沉于福州长门闽江口。

6 月 1 日：“楚泰”号炮舰被日机炸毁搁浅于福建闽江口，1941 年 4 月日军进攻福建我方撤退时自行炸毁于福州南港。

7 月 1 日：“咸宁”号炮舰与“长宁”号炮艇在九江附近施放水雷回航田家镇时被 16 架日机击沉在武穴日清码头，7 人阵亡。

7 月 3 日：“崇宁”号炮艇被日机击沉于田家镇。

7 月 17 日：“史 223”号鱼雷艇在湖口出击时被陆军所敷设的阻塞网缠住车叶沉没。

7 月 9 日：“海宁”号炮艇被日机击毁于吴城丁家山附近。

7 月 20 日：“民生”号与“江贞”号在岳阳被 27 架日本军机击伤搁浅弃船，官兵伤亡 30 余人。

7 月 31 日：“绥宁”号炮艇被日机命中三弹击沉于黄石港。

7 月 31 日：“湖鹰”号鱼雷艇在兰溪与商船碰撞搁浅，被经过之日机发现炸沉。

8 月 1 日：“岳 22”号鱼雷艇在湖北蕲春被日机击沉。

10 月 21 日：“永绩”号舰被日机击伤搁浅，在湖北新堤被日军俘获。

10 月 23 日—24 日：广东海军“快艇 2 号”被日机击中油箱焚毁于虎门炮台附近，次日“快艇 1 号”亦被炸沉。

10 月 24 日—25 日：广东海军“快艇 4 号”被日机击沉于虎门炮台附近，次日“快艇 3 号”被日机击中燃烧，沉没于狮子洋水域。

10 月 24 日：“中山”号炮舰在武汉金口被 6 架日机攻击沉没，舰长萨师俊等共 25 人殉职。（请参阅第 44 页彩图）

10 月 30 日：“仲元”号、“仲凯”号、“坚如”号、“执信”号于广东三水战役中被日机炸沉，指挥官李锡熙殉职，官兵伤亡 38 人。（请参阅第 45 页彩图）

10 月 21 日：“公胜”号炮舰由广州撤守往西江集中时被日机击沉。

10 月 24 日：“仁胜”号、“勇胜”号炮舰在护送水雷时被日机击沉于藕池口。

1940年

9 月 3 日：“甘露”号测量舰被日机轰炸沉于巴东台子湾。

1941年

8 月 24 日：“江犀”号、“江鲲”号浅水炮舰被日机击毁于巴东台子湾。

1942年

12 月 17 日：“定安”号运输舰在长江三峡附近遭日机空袭而沉没。

※ 自沉者不计在内。

列强与抗战

1937 年 8 月 13 日淞沪会战爆发，当时是日军与中国军队之间的战斗，居住在上海租界区的西方人士只是隔岸观虎斗，英、美各国此时尚未参战，租界驻军主要的任务是维持中立，所以当四行仓库谢晋元团长的八百壮士要借道租界通过撤离时，依国际法必须缴械，但是当时租界四周已经全部为日军占领，事实上谢晋元部已经无法离境归队，只能被拘留在租界兵营中看管，这完全依照当时国际法对中立国的规定，并不像后来宣传的那样。

由于租界与中日交战区仅一线之隔，误击事件经常发生，譬如 8 月 14 日中国空军攻击“出云”舰，在一天之内两次把炸弹投掷到公共租界，造成 2000 多人的重大伤亡。有时双方是故意利用租界来做掩护，譬如四行仓库隔苏州河就是租界，让攻击的日军投鼠忌器，很怕流弹落入租界区引起国际纠纷，所以不敢使用舰炮或空袭手段，让日军的优势不能发挥。

12 月 12 日日军攻进南京城当天，美国海军的河用炮艇“潘奈”号（USS Panay）正在南京上游 27 公里处护航美孚石油公司的“美平”号、“美夏”号、“美安”号三艘轮船载运南京的领事馆官员及美侨撤退。日本战机击沉了“潘奈”号炮艇及美孚公司的轮船，3 名水兵当场死亡，27 人受伤，其中包括舰长与副舰长，之后又有 3 名伤重死亡，这就是所谓的“潘奈号事件”（The USS Panay incident）。由于日本不想在与中国作战的节骨眼上开罪美国，所以迅速道歉赔偿了事，但误击事件的真相至今仍是罗生门。（请参阅第 47 页彩图）

1941 年 12 月 8 日珍珠港事件爆发，英、美、荷同时对德、意、日宣战，第二次世界大战全面开打，日军顺理成章开进公共租界接收。当时英、美各国驻上海的大型战舰早已全部开往新加坡与马尼拉，黄浦江上只剩下英国海军浅水炮舰“佩特列”号（HMS Peterel）与美国海军浅水炮舰“沃克”号（USS Wake）。“沃克”号于当日清晨在上海被日本人顺利接收，之后改名“多多良”号，英国的“佩特列”号由于新西兰籍代理上尉舰长拒绝移交，遭日舰发炮击沉，这一幕曾经出现于好莱坞电影《太阳帝国》。（请参阅第 48 页、第 49 页彩图）

当时上海的法租界却是另一种状况。由于法国早在1940年6月就已经亡国，纳粹扶植的维希傀儡政权成为上海法租界的主人，等于是轴心国盟友的领地，让日军反而不便入侵。1942年3月，英、美两国为了向同为盟友的重庆政府示好，主动宣布废除不平等条约，日本为了争取舆论宣传，也协调法国维希政府宣布放弃上海法租界，由南京的汪精卫伪政权接收，事实上幕后仍由日本人完全操控。有趣的是当时重庆政府也与法国维希政府维持外交关系。

1943年9月9日意大利在欧洲向盟军投降，原来是轴心盟友的日、意两国立刻变成敌对国。日本接收了意大利在中国的一艘布雷舰“勒潘托”号(Lepanto)，改名“兴津”号，抗战胜利后被中国海军接收改名“咸宁”号；一艘浅水炮舰“埃姆诺·卡罗托”号(Ermanno Carlotto)，改名“鸣海”号，抗战胜利后被中国海军接收改名“江鲲”号。同一时间，意大利籍豪华邮轮“康特·范特”号(Conte Verde)刚好来到上海停泊于黄浦江，当日军前来接收时，意大利水手开海底门，将船弄沉于日本人眼前。日本人非常恼火，因为没能接收成功，还被此庞然大物阻塞了航道，于是将缆绳与绞车固定在外滩汇丰银行的柱体上，令所有水手与上海的意大利侨民集合来拉索，硬是将船扶正。1944年8月8日，“康特·范特”号在上海被美军B-24轰炸机再度炸沉，当年底，日人将之再度浮扬，送往江南造船厂整修，接着送往日本改为运兵船并改名“寿丸”号。之后本船来往于青岛、朝鲜与日本之间，于1945年5月8日触雷被拖回日本，7月25日遭到美机轰炸后坐沉搁浅，于战争结束时退役，1949年初拆解。(请参阅第51页彩图)

1944年6月巴黎被盟军解放，维希政府垮台，1945年5月纳粹德国瓦解，在远东的日本只得立即解除昔日盟友的武装，接收他们的舰船，并把法、德侨民关进战俘营，这也是依照国际法来执行的。讽刺的是由于日本与苏联一直维持外交关系直到1945年8月苏联对日宣战，所以当年6月24日苏联在红场举行战胜纳粹大阅兵时，日本大使馆武官也应邀参加，看着中国代表团以战胜国的身份高坐在主席台上，心中真是五味杂陈，不过这就是国际政治的现实。

陈策的香港脱走

陈策是广东海军的领军人物，曾任虎门要塞司令指挥虎门海战，这是抗战中唯一一次中日双方军舰对决的战役。之后陈策因病左腿截肢成为“独脚将军”。他被蒋介石委任为国民党驻港澳的代表，负责与港英政府协调军政事务，并借港澳渠道走私战略物资供给抗战中的重庆政府，为此陈策开设亚细亚行以为掩护。陈策与香港总督杨慕琦有协议，万一香港失守，由他负责带领英国驻港的军政人员搭乘皇家海军的鱼雷艇往中国内地突围。

1941 年 12 月 8 日，日军由深圳进入新界，14 日占领九龙，18 日在香港本岛登陆，英军已无力防守，香港总督杨慕琦决定投降，并提前通知陈策，于是陈策派副官徐亨联络到 15 名英国高级军官及多名官兵，其中有许多是情报人员，包括香港情报处长麦道高 (David Mercer MacDougall)，他们将搭乘第二鱼雷艇队的五艘鱼雷艇突围。

英国皇家海军驻香港第二鱼雷艇队原来共有“7”号、“9”号、“10”号、“11”号、“12”号、“26”号、“27”号七艘鱼雷快艇，其中“26”号与“27”号两艘是电雷学校订造的英国CMB-55 级鱼雷艇,因战争爆发无法运往内地而被香港英军征用,在香港保卫战中“12”号与“26”号已经损失，所以剩下五艘。由于日军已经逼近，为了安全起见，这五艘鱼雷艇先出港到海上等待陈策与他们会合。陈策所搭乘的是一艘来自已被凿沉的英国军舰“康尼特劳尔”号 (HMS Cornflower) 上的交通艇，上面搭载了 16 个人。由于航向错误，一出港就陷入日军来自岸上的火力网，舵手当场死亡，陈策的左手与麦道高的背部都受了伤，所搭乘的汽艇也被击毁无法前进，陈策等人只好游向附近的鸭脷洲岛，为了游泳，他解下义肢，连同暗藏其中的 4 万元港币一同抛弃。徐亨在岛上安顿好陈策后去寻找其他鱼雷艇的下落，回头却找不到陈策，原来日军炮火引发草地燃起大火，让陈策不得不向山顶移动，然后因枪伤失血过多而昏厥。

最后众人把陈策抬上“10”号鱼雷艇往内地方向开去，在漆黑的海面上却迎头遇见日本驱逐舰，在已无法回避的状况下，陈策下令五艘鱼雷艇展开攻击队形，并故意将发动机开足马力，日本驱逐舰以为遇见盟军大规模的鱼雷艇队，赶紧熄灭探照灯逃之夭夭。

最后各艇抵达广东南澳登岸，陈策下令把武器物资卸下凿沉各艇，并找到当地游击队首领，陈策之前海军陆战队的老部下梁永元。陈策作主将艇上的机枪送给梁永元，并承诺与当地的正规军联系，争取将梁部游击队纳入正规军序列。随后陈策一行 69 人在梁永元的协助与保护下往内地进发，12 月 29 日到达惠州中国军队控制区。之后英方人员经过柳州、昆明、仰光、印度回到英国继续参战，陈策则留在柳州治疗。

香港脱走事件让开战初期士气低迷的同盟国获得宣传的着力点，媒体大量的报道让陈策成为国际知名的英雄人物。之后陈策获英国国王册封，得到大英帝国爵士爵位(Knight of the British Empire，简称KBE)的封号，徐亨也获得大英帝国荣誉爵位(Honorary Officer of the British Empire，简称OBE)的封号，英国政府还特地由印度派技师来重庆为陈策安装了新的义肢。

陈策战后担任广州市第一任市长，于 1948 年离任，1949 年出任广州绥靖公署副主任，当时南京的国民政府已经迁到广州，所以这个职务非常吃重。1949 年 7 月 27 日夜，陈策在家中因服食安眠药过量而去世，原因众说纷纭。一种说法是因他的继室梁淑德炒卖黄金失利而吞药自杀，但陈策是天主教徒，从宗教信仰角度是不允许自杀的，所以这个说法相当可疑。也有人说是被蒋介石派特务暗杀以阻止他起义，但都没有任何确凿证据。

2008 年，陈策的儿子陈安国写信给我，说他记得当年陈策在广州过世时，国民政府曾经追赠海军上将荣誉军衔，但是他找不到任何文件证明，希望我能为他查询。这当中就涉及一个历史盲点。很多人以为台湾的蒋介石政府是从南京直接迁往台湾的，事实上 1949 年蒋介石已经下野，南京国民政府在 1949 年 2 月被行政院长孙科迁往广州，之后代总统李宗仁与孙科双双下台赴美，广州的国民政府于 1949 年 10 月 14 日解放军进入广州时瓦解，蒋介石在 1950 年 3 月所谓的“复行视事”实际上并未承续广州的国民政府，而是在台湾另起炉灶，两者之间并没有任何衔接，在台湾的国民党政府档案只有蒋介石下台前下令搬迁的档案，不可能有迁往广州的那部分档案。陈策过世时正是这个兵荒马乱的时刻，就算真有追晋上将一事，恐怕也很难获得文献档案的证明，只能成为历史无头公案。

陈策的副官徐亨也很值得一提。徐亨为黄埔海校毕业，算是陈策的学生，在学校时就很擅长游泳，这项技能在香港突围时就发挥了作用。徐亨战后赴美国接收赠舰，成为美国赠送“八舰”之一的扫雷舰“永宁”号舰长。到台湾后升至海军少将，退伍后在港台经商，在台北市开办富都饭店，更长期担任中华台北奥委会荣誉主席及国际奥委会副主席。徐亨于 2009 年去世，享年 97 岁。

1941 年 12 月 29 日初抵达中国军队控制区的惠州，陈策与一同从香港突围的英国官兵合影。陈策左手受枪伤包扎绷带，还穿着在艇上英国军官借给他的少校军服，膝前放着中英两国国旗，徐亨坐在他的左前方。

陈策中将(中)与副官徐亨中校(右)及一同突围的英国空军中校麦牛津(Max Oxford)于1944年3月17日的留影。徐亨后来是赴美国接收“八舰”的舰长之一，升为海军少将，退伍后在香港经营商业有成，并长年担任中华台北奥委会主席及国际奥运会副主席。

重庆接收英美法舰

第二次世界大战爆发，停泊重庆江面的英、美、法等国浅水炮舰由于出海口被日军占领而陷入困境，既难以补给，也没有合适的任务可派，尤其在人力极端缺乏的战时，让大批有经验的水手在中国内陆无所事事，更是一种浪费，而且在不平等条约废除后，将来这些浅水炮舰显然也派不上用场，于是英、美两国干脆做个顺水人情，将这批舰艇送给在重庆的中国政府。

1942 年 3 月，英、美两国政府配合宣布放弃不平等条约政策，英国移交“珍妮特”号(HMS Gannet，改名“英山”号)、“猎鹰”号(HMS Falcon，改名“英德”号)、“塞迪派普”号(HMS Sandpipe，改名“英豪”号)，美国移交“图图伊拉”号(USS Tutuila，改名“美原”号)给重庆国民政府。这在海军无事可报的大后方算是重大新闻了，事实上当时长江中下游都已被日本人占领，一般所称“不平等条约”的租界、领事裁判权与内河航行权等都已无法实施，宣布废除也只是顺水人情，没有任何实质上的改变。有趣的是日本人为了与同盟国较劲，鼓动同为轴心国的法国维希政府也跟进宣布放弃上海法租界，将管辖权移交汪精卫的南京伪政府接收，实际上仍由日本人幕后主导。(请参阅第 53 页彩图)

至于法国的浅水炮舰“巴尼尔”号(Balny)则比较特殊。由于在法国沦陷成立维希傀儡政权后的一段时间重庆国民政府尚与之维持有外交关系，即使在 1941 年底中国政府对轴心国宣战之后也未立即终止，所以本舰得以继续驻泊在大后方的重庆，但处境变得十分微妙。中国希望接收该舰，但又不便提出，直到 1944 年戴高乐率自由法国军队在盟军配合下解放巴黎，维希政权垮台，中国才正式向法国解放委员会提议，由法方于 1944 年 9 月 28 日同意将该舰赠予中国，改名为“法库”号。(请参阅第 54 页彩图)

“英豪”号(HMS Sandpipe)由英国桑克罗夫特造船厂建造，于 1933 年 6 月 9 日下水。舰身长 48.76 米，宽 9.36 米，吃水 0.6 米，排水量 185 吨，1 座燃煤锅炉，2 座往复式蒸汽主机，最大功率 600 马力，最高航速 11 节，乘员 40 人。装备 1 门 94 毫米榴弹炮、9 门小口径炮。本舰于 1949 年 4 月 23 日江阴要塞第二舰队起义时，因不愿参加而被解放军击伤，但最后还是于 1949 年 6 月 20 日在大通与第“9”、“83”、“107”号三艘巡逻艇一同起义。

“英德”号(HMS Falcon)由英国亚罗造船厂建造,1931年下水,分解后运到中国,由江南造船厂重新组装。舰身长45.72米,宽8.7米，吃水1.5米，排水量372吨，2座燃油锅炉推动汽旋主机，最大功率2250马力，最高航速15节。装备1门94毫米榴弹炮、2门6磅(57毫米)炮、机枪10挺。本舰于1949年11月30日在四川由江防舰队司令叶裕和率领,与“民权”号、“郝穴”号、“永安”号、“永平”号、“英山”号、“常德”号六舰一同起义(当时舰长为王大恭)，加入解放军海军后改名为“嫩江”号。

“英山”号(HMS Gannet)由英国亚罗造船厂建造,1927年下水。舰身长56米,宽8.8米,吃水0.97米,排水量310吨,2座燃油锅炉,汽旋主机，最大功率2250马力，最高航速16节。装备2门76毫米炮、8挺机枪。本舰于1949年11月30日在四川由江防舰队司令叶裕和率领，作为江防舰队的一员起义(当时舰长为陈迪)，加入解放军海军后改名“怒江”号。

“美原”号(USS Tutuila)由上海江南造船厂建造，于1927年5月28日完工。舰身长48.6米，宽8.22米，吃水1.6米，排水量370吨，2座燃重油锅炉，往复式蒸汽主机，最大功率1950马力，最高航速12节，乘员70人。装备2门76毫米炮、10挺机枪。本舰移交时《美国国会第512号公法》(援赠中国海军舰艇的相关法案)尚未公布，事后才将本舰补列进去，并被称为“512号法案第一舰”。本舰于接收后不久就退役，1949年后可能被解放军海军再度启用。

“法库”号(Balny)由位于法国南特的乔恩特斯造船厂于1921年建造。舰身长54.55米，宽7米，吃水1.5米，排水量201吨，2座燃煤锅炉，往复式蒸汽主机，最大功率920马力，最高航速14节。装备1门76毫米、2门37毫米炮、4挺机枪。本艇于接收后不久即因过于老旧而报废。

英国政府在重庆赠送“猎鹰”号浅水炮舰给中国海军，改名“英德”号。

英国政府在重庆赠送“珍妮特”号浅水炮舰给中国海军，改名“英山”号。

英国政府在重庆赠送“塞迪派普”号浅水炮舰给中国海军，改名“英豪”号。

停泊在重庆唐家沱的美国海军“图图伊拉”号浅水炮舰。

停泊在重庆唐家沱的美国海军“图图伊拉”号浅水炮舰，四周是日本飞机轰炸造成的烟尘。

美国政府赠送“图图伊拉”号浅水炮舰给中国海军，改名“美原”号。照片可见停泊在重庆江面的“美原”号舰艇已经升起了青天白日满地红的中国海军旗。

法国“巴尼尔”号(Balny)炮舰，注意舰艏用汉字写的中文舰名“柏年”号，这是法国驻华浅水炮舰队的传统。1944年年9月28日由戴高乐将军的法国解放委员会同意将该舰赠予中国，重新命名为“法库”号。

伪满洲国江上军与海警队

伪满洲国江上军与海警队

所谓伪满洲国“海军”只是概略的通称，严格来说伪满洲国并无海军而只有江上军（1939年底日军将原驻伪满“海军部”撤销，改为隶属陆军的江上军，编制约2000人）与海上警察队，但其舰艇的数量与质量却超过有“海军”之名的南京汪精卫伪政权，所以仍是值得介绍的一支准海军力量。

1932年3月1日，由日本支持的逊清废帝溥仪在长春成立了伪满洲国，5月28日，日本将原东北江防舰队的“利绥”号、“利济”号、“江平”号、“江通”号、“江清”号各舰转交给伪满洲国，成立江防舰队，由原“江亨”号舰长尹祚干担任司令，实际则由日军幕后操控，各舰都派有日籍指导员及报务员。

除原东北江防舰队各舰外，日军还从1934年起，为伪满洲国陆续建造新舰，如10月“顺天”号、“养民”号完工，1935年8月“定边”号、“亲民”号完工，而“利绥”号等旧舰则在各新舰服役后于1942年废弃。1939年11月起江防舰队改称“江上军”，所有官兵都穿起陆军制服。（请参阅第55页彩图）

除江防舰队外，日军还将原东北渔业商船保护局留下的两艘旧巡护船“安海”号、“瑞辽”号以及十二艘巡逻帆船与从盐务署、满铁、朝鲜拨来的船只各一艘加上原奉军所留下的法制水上飞机六架，组成海上警察队，负责黄海、渤海沿海警备任务，1934年与辽河水警局合并，兼负辽河警备任务。

第二次世界大战爆发后，日本海军曾借给伪满海上警察队不少小型舰艇，如旧式驱逐舰改装的“海威”号，警备艇“海龙”号、“海凤”号、“海光”号、“海华”号、“海瑞”号、“海荣”号、“海王”号，以协助日军执行沿海护航、反潜与警戒任务。不过舰长多由日本人担任，还有些舰艇在战争结束前又被日军收回。

伪满洲国于1945年8月因苏联进军东北而覆亡，所遗各舰不是被破坏就是被苏军掳走，战后中国政府并没有接收的记录。

“松花江临时海军派遣队”是1931年日本占领东北时日本海军临时搞出来争取未来伪满洲国海军主导权的特殊产物，由于时间紧迫，于是以临时调派人员并征收松花江民间船只改装炮艇的方式成立了这支部队。该部队前后共装备了“广兴”号、“广安”号、“广顺”号及“广庆”号、“广宁”号等舰艇。照片后方那艘船就是“广庆”号，很特殊的汉字舰名写在舰艏。

“广庆”号与“广宁”号是1930年下水的420吨级内河汽船，装备80毫米炮1门、机枪1挺，艇身侧面加装防弹钢板。“广庆”号编制乘员28名，“广宁”号编制乘员31名，主要从华北补充129名兵员。这几艘舰艇很少人知道她们的存在，更不用说看到过照片。

兴致勃勃的日本海军后来在伪满洲国海军主导权的斗争中败给以陆军为首的关东军，这支部队就不了了之了。关东军为杜绝海军重新夺回伪满洲国海军控制权的可能，干脆取消伪满洲国海军的名义，改为“江上军”，所有人员纳入陆军编制，穿上陆军军服，这是日本陆、海军恶斗下产生的奇怪现象。

由于日本陆、海军争夺对伪满洲国海军的控制权，关东军釜底抽薪，直接废除了伪满洲国海军，改称“江上军”，并让所有官兵穿上陆军制服，完全阻断日本海军对伪满洲国海军的影响力。

伪满洲国皇帝溥仪身穿白色海军将官制服校阅江上军舰艇部队。奇怪的是伪满洲国既然已经没有海军了，那么溥仪这身制服又是从何而来？

顺天、养民、定边、亲仁

“顺天”号、“养民”号为伪满洲国江防舰队的浅水炮舰，1934 年 10 月完工。本级舰排水量 270 吨，装备双联 120 毫米炮 2 门、机枪 3 挺。

“定边”号、“亲仁”号为“顺天”号的改进型，于 1935 年 8 月完工。本级舰排水量 290 吨，长 55 米，宽 8 米，装备双联 120 毫米炮 2 门、单管 120 毫米炮 1 门、机枪 3 挺。这四艘舰号称伪满洲国江上军的“四大金刚”，用以巡弋松花江与黑龙江。

1944 年 7 月至 9 月美国陆军航空队轰炸东北，四舰因火炮比较新锐、射速较快故，被拆下火炮组成防空炮队，用来保卫鞍山钢铁厂，舰上改装 76 毫米平射炮 1 门、12.7 毫米双联机枪 1 座。这四艘军舰在 1945 年苏联红军进攻东北时全部被掳走，后来曾在苏联海军的黑龙江舰队服役。

伪满洲国江上军“亲仁”号炮舰。

伪满洲国江上军的主力："定边"号与"亲仁"号炮舰。

大同、利民

“大同”号、“利民”号是伪满洲国江防舰队的浅水炮舰，1933年在哈尔滨东北造船所竣工，用以巡弋松花江与黑龙江，亦担任练习舰用。本级舰长30米，排水量65吨，速度13节。装备150毫米迫击炮1门（后被双管47毫米机关炮取代）、机枪3挺（前1后2）。二舰战后下落不明，可能被苏军掳走。

伪满洲国江上军的大同级炮舰在建造中。

“大同”号在哈尔滨的松花江上。

伪满洲国江上军的“利民”舰。

利绥

“利绥”号原名“祖国”号(SMS Vaterland)，由德国硕效造船厂建造。舰身长 48 米，宽 8 米，吃水 0.6 米，排水量 170 吨，2 座燃煤锅炉，最大功率 1300 马力，最高航速 13 节。乘员 45 人，原来装备 2 门 57 毫米炮与 3 挺机枪。

“祖国”原是德国海军专门用于中国的内河炮艇，由于中国在 1917 年参加第一次世界大战对德、奥宣战，3 月 20 日在南京草鞋峡的江面被中国海军扣留接收。之后改名“利绥”号，先服役于长江的第二舰队，1919 年被派赴哈尔滨驻防，从此为东北舰队的成员。1929 年中苏三江口之役“利绥”号被苏军舰只击沉，后打捞修复。1931 年九一八事变后，“利绥”号随吉黑江防舰队全部被日本接收，1932 年 2 月 15 日转交给新成立的伪满洲国海军担任江防舰队的旗舰，在历经数次改装后终因太过老旧而在 1942 年废弃。

在冬季冰封江面上的伪满洲国江上军“利绥”舰。

伪满洲国江上军“利绥”号，原来是东北海军吉黑江防舰队的一员，更早是德国驻华浅水炮舰“祖国”号。在纳入伪满洲国后进行了较大幅度的改造，最明显就是主桅上多了一个巨大的装甲桅盘。

靖通、快马、骏通、荣安、九重

“靖通”号、“快马”号是伪满洲国江防舰队的浅水炮舰，原名“安海”号、“瑞辽”号，隶属奉天渔业商船保护局，用于警备与追缉海上盗匪。本级舰由上海江南制造局建造，造价 3.65 万两白银，于 1912 年完工。船长 32.6 米，宽 6 米，舱深 2.6 米，吃水 1.8 米，排水量 150 吨，最大功率 300 马力，最高航速 11.4 节。两船后于 1932 年成为伪满洲国海上警察队的第一代舰艇，并分别改名“靖通”号与“快马”号，装配 50 毫米炮 2 门、机枪 1 挺。“快马”号于 1944 年 10 月在驶向旅顺的途中遭遇暴风雨而坐礁搁浅，后退役解体。

“骏通”号是伪满洲国海上警察队的警备艇，原属盐务署，1920 年建造，海上警察队于 1933 年购入。排水量 60 吨，装备有 35 毫米炮 1 门、机枪 3 挺。

“荣安”号是伪满洲国海上警察队的警备艇，原是满铁株式会社的“宗谷”号拖船，1907 年建造，海上警察队于 1933 年购入。排水量 105 吨，装备有 50 毫米炮 1 门、机枪 1 挺。

“九重”号是伪满洲国海上警察队的警备艇，原是朝鲜总督府木浦港水警队的警备艇，1910 年建造，为老旧的蒸汽木船，海上警察队于 1932 年借用。排水量 45 吨，乘员 7 人，装备有机枪 1 挺。

海威、海王

“海威”号原为日本旧式桃级二等驱逐舰，日本舞鹤造船厂建造，1917 年 3 月 31 日完工。舰长 83.8 米，宽 7.7 米，排水量 755 吨，最大航速 31.5 节，装备 120 毫米炮 3 门、机枪 2 挺、鱼雷发射管 4 具。

本舰于 1937 年从日本海军除籍，在决定移交前日方拆除了鱼雷发射管及一门主炮，并在舰桥后方加装一部 90 式水上侦察机及弹射器设备、两组深水炸弹施放轨后移交伪满洲国海上警察队，改名“海威”号。本舰因在移交时拆除锅炉一座，所以最大航速降为 20 节，乘员 50 人。

本舰于 1942 年 6 月 24 日在旅顺又被日本海军重新召回现役，并于 1944 年 10 月 10 日被美军击沉。

“海王”号为 1906 年建造的商船，伪满洲国海上警察队于 1933 年购入，改装成警备兼补给船。本舰排水量 800 吨，前后装备 76 毫米炮各 1 门。“海王”号于 1945 年 8 月 7 日下午在旅顺黄金台外海 1 公里处被可能是美国潜艇发射的 2 枚鱼雷击中沉没，轮机长以下 7 人阵亡。

伪满洲国海上警察队的“海王”号。

“海威”号，可见舰上搭载的90式水上飞机的操作方式。

海龙、海凤

“海龙”号、“海凤”号是伪满洲国海上警察队的警备艇，由神户川崎造船所建造，于 1933 年 6 月 12 日完工服役。本级舰身长 44 米，宽 6 米，吃水 1.6 米，排水量 204 吨，最大航速 13 节。舰艏装备 1 门 50 毫米炮，舰艉装备 1 门 76 毫米炮，并有深水炸弹投放设备，专司反潜和警戒任务。

两舰于 1945 年 8 月日本战败后在旅顺为苏军俘虏，后来成为苏联海军在北方海域的护渔船，编号“701”与“702”，一直服役至 1970 年代。

演习中的伪满洲国海警队“海凤”号与“靖海”号警备艇。

阳春、熙春、海光、海荣、海华、海瑞、恩民、普民、惠民、威民、晨民、济民、晓江、晋江、凤山

“阳春”号、“熙春”号是伪满洲国江防舰队的浅水炮舰，1939年完工，用以巡弋松花江与黑龙江。本级艇长65米，排水量60吨，最大功率240马力，双轴推进。装备75毫米迫击炮1门、37毫米炮1门、13毫米机枪3挺。1945年8月14日日本战败时，“阳春”号正在富锦执行布雷任务，舰长张彦果闻讯杀死了舰上的日本顾问，率本舰与“晨明”号等三艘炮艇向苏军投降。

“海光”号、“海荣”号、“海华”号、“海瑞”号是伪满洲国海上警察队的警备艇，神户川崎造船所建造，于1933年完工服役。排水量56吨，装备50毫米炮1门、机枪2挺。

“海荣”号、“海华”号两舰曾于1943年被日军征用，于1944年交还。这四艘艇于1945年8月22日在旅顺被苏军俘虏，后不知下落。

“恩民”号、“普民”号、“惠民”号是伪满洲国江防舰队的炮艇，1933年完工。排水量20吨，装备机枪3挺。战后下落不明，可能被苏军掳走。

“威民”号、“晨民”号是伪满洲国江防舰队的浅水炮艇，1940年完工，用以巡弋松花江与黑龙江。本级艇排水量30吨，装备57毫米迫击炮1门、机枪3挺。

1945年8月10日，“威民”号官兵杀死舰上日本军官起义，后因日军严加封锁难以突围，只好将艇凿沉，人员上岸打游击。同年8月14日，“晨民”号与其他两艘炮艇及“阳春”号向苏军投降。

“济民”号是伪满洲国江防舰队的炮艇，1943年完工。排水量20吨，装备机枪2挺。本艇战后下落不明，可能被苏军掳走。

“晓江”号、“晋江”号是伪满洲国江防舰队的浅水炮艇，1939年完工，用以巡弋松花江与黑龙江。排水量43吨，装备57毫米迫击炮1门、机枪3挺。战后下落不明，可能被苏军掳走。

“凤山”号是伪满洲国江防舰队的测量艇，1941年完工。排水量20吨，装备机枪2挺。战后下落不明，可能被苏军掳走。

伪满洲国海警队的“熙春”号浅水炮艇。

第一——第八海边、辽河第一——第八

“第一海边”号到“第五海边”号为1933年伪满洲国海上警察队建造的小型警备艇，仿日军内火艇设计，分别由横滨、墨田川与大连的造船所承建。排水量10吨，最大功率80马力，最高航速9.5节，乘员5人（常常超载到10余人），装备机枪2挺。

“第六海边”号规格有所不同，“第七海边”号与“第八海边”号则由没收的渔船改装。

“辽河第一”号到“辽河第八”号警备艇原隶属于辽河水上警察局，1934年并入伪满洲国海上警察队，所属人员（含日方人员10名）及这八艘警备艇也都编入海警队。各艇都装备重机枪1挺。八艇中“第二辽河”号后因事故焚毁，其他则使用到战争结束。

汪精卫伪政权海军

汪精卫伪政权海军

汪精卫伪政权的前身“维新政府”就设有水巡处，拥有一些中国海军遗留或被击沉又打捞修复的少数残旧舰只。汪精卫 1940 年 3 月 30 日在南京成立伪政府后，对建立海军特别感兴趣，虽然舰只少得可怜，但“海军部”的衙门大张旗鼓地在同一日就成立了。

汪精卫伪政权成立后接收了原“维新政府”的绥靖水巡队、广东水上警察所水上巡察队，以及青岛的“北支特别炮艇队”的兵力。但汪精卫的如意算盘是还想取得原来中国海军遗留的所有舰只，再加上日本人的援助舰艇，这样就可以建成一支小有实力的海军舰队。

但事实上这两点最后都办不到，譬如汪精卫对中国海军遗留的三艘最主要的军舰——“宁海”号、“平海”号和“逸仙”号垂涎已久，但日军却自己拖回日本用了。在援助日舰方面，日军对汪伪政权与伪满洲国显然有差别待遇：伪满洲国的水上力量虽然只是叫作“江上军”，但日军还是送其一艘退役的旧式驱逐舰“海威”号；汪伪政权虽然名为正式的“海军”，日军却吝啬得连条浅水炮舰都不肯给。

最后汪伪政权海军舰队只能依赖几条中国海军在战争期期间自沉或被日机击沉后打捞起来整修再用的炮舰与鱼雷艇撑场面，这些舰艇大多都是清末民初时代的老旧货，质量非常差，其他则全部是江南造船厂造的“江”字号小炮艇和由民船征用改装的勤务舰只，这些舰艇战后大多被中国海军收回或接收，有些在 1949 年后还去了台湾。

汪精卫伪政权海军对于测量舰艇特别重视，在为数不多的舰艇中有相当比例担负测量任务，这是很特殊的现象，可能是日军对于汪伪政权海军扮演角色的分配安排。抗战胜利后，中国海军接收了许多汪伪政权海军的测量船艇与海图测绘成果，这方面的贡献不能不记上一笔。

有关汪精卫伪政权海军舰艇的文字记录十分少，留下的照片更少，无论在中国还是日本都是，这是很奇怪的事情。汪伪政权海军的舰队实力虽然乏善可陈，但他们所开办的海军学校成效却很好，在日本教官的训练下无论军纪与专业能力都不错，但在战后中国海军接收海军学校时却不愿接纳这批学生，而是将之遣散，事实上这批学生中有许多人改名换姓又回到国民党海军中，还有些后来晋升到相当高的职位，当然当事人是不会承认的了。

汪精卫伪政府时代的“海军部”。此处就是蒋介石国民政府的海军部原址，不一样的地方是牌楼中央原来的海军锚型军徽不见了，改为上书“海军部”的牌匾。注意旗杆上的青天白日满地红旗上还有黄色的“和平建国”三角旗，这就是汪伪政权的“国旗”。汪精卫伪政权一切仿照蒋介石的国民政府，定都南京，有“行政院”与各部，有“国民党中央党部”，尊孙文为“国父”，连“国旗”“国歌”也都沿用。

海兴、海祥

“海兴”号原为中国海军的“永绩”号炮舰，上海海军江南造船厂建造，1911年开工，但因辛亥革命造成进度延搁，至1918年方才完工，造价49.2万两白银。铁质船壳，舰身长63.48米，宽9米，吃水3.5米，排水量860吨，2座燃煤锅炉，2部往复式蒸汽主机，最大功率1350马力，最高航速13节。乘员包括军官19人，士兵121人。舰艏装备1门102毫米炮，舰艉1门76毫米炮，两舷共装47毫米炮4座，另有37毫米炮2门及40毫米炮1门、7.9毫米机枪2挺，无线电呼号为“XNO”。

“永绩”号在1938年10月21日被日机轰炸重伤（当时舰长曾冠瀛）而搁浅于湖北新堤，随后被日军俘获，在江南厂修复后于1940年5月22日移交给汪精卫伪政权，作为海军舰队的旗舰兼做海军军官学校的练习舰，改名为“海兴”号，武备在整修后改为100毫米炮1门、90毫米炮1门及小口径枪炮9门。

本舰于抗战胜利后被中国海军收回，恢复原舰名“永绩”号，但在1949年4月23日长江突围战中被解放军炮火击毁，后又被解放军打捞起来修复重用，并改名“延安”号，最后于1970年退役。“永绩”舰的二度死而复生也可以算是世界海军史上少见的特例。

“海祥”号原为中国海军的“永翔”号炮舰，是“中山”舰（原名“永丰”号）的姊妹舰，由日本川崎神户造船厂建造，1912年下水，1913年完工返国。钢质船壳，舰身长63.48米，宽9米，吃水3米，排水量844吨，有25毫米厚的装甲防护。动力系统为2座燃煤烟管锅炉，2部三缸往复式蒸汽主机，最大功率1350马力，双轴推进，最高航速13.5节，燃煤搭载量190吨。（请参阅第56页彩图）

本舰起初的武备为102毫米50倍径炮1门，舰艉76毫米50倍径炮1门，两舷装备47毫米炮共4座，前望台装37毫米高炮2门，后望台装40毫米炮1门、7.9毫米机枪2挺。乘员包括军官19人，士兵120人，无线电呼号为“XNG”。

“永翔”号于1937年12月12日自沉于青岛阻塞航道（当时舰长曹树芝），后来被日本打捞起在青岛造船厂整修后于1942年移交汪伪政权海军使用，改名“海祥”号，兼做海军学校练习舰。抗战胜利由中国海军收回，恢复“永翔”号原名继续服役，曾参加过解放战争中的多次战役，直到1959年方才退役。

汪精卫伪政权海军的“海兴”号军舰(原中国海军“永绩”号炮舰)。

汪精卫穿上自己设计的海军元帅服在“海兴”号上视察。

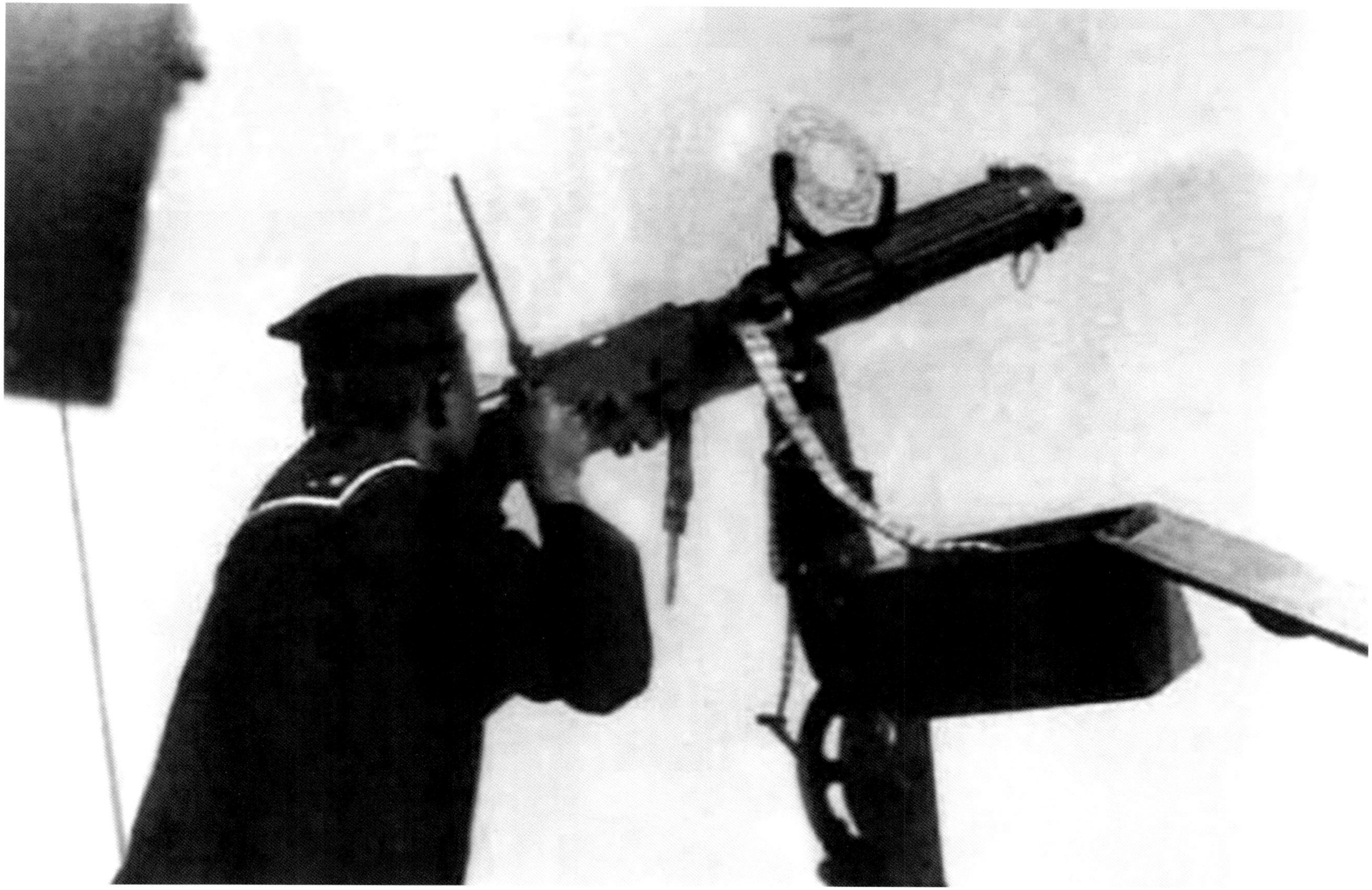

汪精卫伪政权海军的水兵在练习舰“海祥”号(原中国海军“永翔”号炮舰)上训练操作机枪。

汪精卫伪政权海军的水兵在练习舰“海祥”号上训练。注意水兵服的披肩白线只有一条，这是日本海军水兵服的特色，显示汪精卫伪政权的海军后勤补给系统已经并入了日本海军的后勤系统。

海绥、海靖

“海绥”号原为中国海军的旧式鱼雷驱逐舰“建康”号，本级舰一共有三艘，分别是“建康”号、“豫章”号与“同安”号，都是1909年载洵与萨镇冰赴欧洲考察海军时向德国硕放造船厂订造的，1912年完工，1913年交船，每艘造价6.3万德国马克。本舰软钢船壳，舰身长63.4米，宽6.6米，舱深3.8米，吃水2.7米，排水量390吨。4座燃煤锅炉，三汽缸往复式蒸汽主机，最大功率6000马力，最高航速32节。乘员包括军官15人，士兵66人。装备2门76毫米主炮、4门三磅(47毫米)炮、2具457毫米鱼雷发射管。“建康”号无线电呼号为“XPC”。

“建康”号于1937年9月25日守卫江阴阻塞线时被10余架日机攻击，命中8弹而沉没，舰上官兵阵亡9人，舰长齐粹英以下负伤28人。

“建康”号后来被日军打捞修复，先作为日军的杂役船，并改名“翠”号，接着在1940年12月21日交给汪精卫伪政权海军使用并重新命名为“海绥”号。

战后中国海军接收敌伪舰艇时也将本舰收回，但该舰后来的下落却极少有人知道。在1949年1月的淮海战役中，国民党军队大举撤退之时将本舰与另一艘“辰字”鱼雷艇打开海底阀门，自沉于安徽裕溪口阻塞巢湖至长江间的运河航道，以延缓解放军的攻势。1950年7月24日长江打捞公司开始打捞本舰时泥沙已完全掩没舰体，仅烟囱驾驶台露于泥外。打捞人员以炸药炸开泥沙及船体，逐步拆解，至8月16日完成，这才重新恢复航道交通，并获得铜铁等废旧金属共41.3吨。

“海靖”号原为清朝湖广总督张之洞向日本神户川崎造船所订造的鱼雷快艇“湖鹗”号，于1907年完工，每艘造价38万日元(约合32.8436万两白银)。本级艇为日本水雷艇“67号”的改进型，钢质船身，艇身长40米，宽4.75米，舱深2.7米，吃水2.3米，排水量96吨，2座燃煤锅炉，推动1座往复式蒸汽主机，最大功率1200马力，最高航速23节。乘员包括军官5人，士兵36人。装备2门3磅(47毫米)炮、3挺机枪、3具457毫米鱼雷发射管(其中1具为水中固定式，2具为水上回转式)。

1937年10月3日，日本飞机空袭炸沉了“湖鹏”号与“湖鹗”号。“湖鹗”号后来被日军打捞起在江南造船厂整修后于1938年6

月 15 日改名“翡”号，装备 1 门 47 毫米炮、2 挺 7.7 毫米机枪，作为日军的杂役艇使用，而艇上原来的火炮和鱼雷发射管在中国海军弃船时已经全部被拆走，艇艏固定式的 1 具鱼雷发射管虽因无法拆除而保留，但实际上已经无法使用了。

本艇于 1940 年 12 月 21 日移交“维新政府”（汪精卫伪政权的前身）水巡部使用，改名为“海靖”号，汪伪政权成立后纳入其海军并沿用“海靖”号原名。本舰战后下落不明。

“维新政府”水巡部接收日本海军移交的“翠”号杂役船（原中国海军“建康”号驱逐舰），重新命名为“海绥”号，在江南造船厂船坞内举行服役典礼。舰艉飘扬的就是“维新政府”的旗帜，两侧的帆布棚是厕所，直接排放入水中。本舰后来随“维新政府”并入汪精卫伪政权而成为汪伪海军的一员。

汪精卫视察海军，后方靠近的是“海绥”号（原中国海军“建康”号驱逐舰）。

同春、民德、东海、海和、江绥、江靖、江和、江亚、江威

“同春”号、“民德”号、“东海”号、“海和”号四舰原来是日本驻守青岛的“北支特别炮艇队”的舰只，于 1940 年 12 月 13 日移交汪精卫伪政权的威海卫海军基地部。这四艘舰艇最早都是中国的船只，被日本俘虏。

其中关于“同春”号的来源还有一种说法，认为是中国海军在青岛港内自沉的“同安”号驱逐舰，不过有人对此表示怀疑，目前并无更进一步的资料证实。该舰于 1944 年 11 月 5 日刘公岛练兵营起义事件中与“胜利”号、“东海”号、“23”号等舰艇一同驶往解放区后下落不明。

“江靖”号与“江绥”号是日本于 1939 年 12 月 21 日移交给“维新政府”的，来源没有确切资料，可能是原来中国海关缉私舰或长江航标布设船。

“江绥”号的排水量为 60 吨，“江靖”号则为 30 吨。两艇战后为中国海军接收，“江绥”号成为“炮 101”号炮艇，“江靖”号成为“炮 61”号炮艇。

“江和”号、“江亚”号、“江威”号等炮艇是汪精卫伪政权海军在日本人的协助下于江南造船厂建造的内河巡逻快艇，其型式不一，排水量如下：“江和”号 80 吨、“江亚”号 50 吨、“江威”号 35 吨，其中“江和”号 1944 年 9 月服役，艇长为上尉军衔。

这三艘“江”字号炮艇在战后全部由中国海军接收，接收后的艇名与原艇名对照如下：“炮 1”号（原“江和”号）、“炮 30”号（原“江亚”号）、“炮 32”号（原“江威”号）。

东北海军（第三舰队）各舰在抗战爆发后自沉于青岛港中。镜头前方是老式驱逐舰“同安”号，舰上火炮已拆卸，上陆编成“海军炮队”，沉船上只剩空的鱼雷发射管。

日军占领威海卫之后利用中国海军遗留的船只成立“北支特别炮艇队”，之后将全部舰艇和人员移交汪精卫伪政权海军，成立威海卫基地与训练营。

最前面的是“江绥”号，后面分别是“江清”号、“江宁”号、“江康”号以及“量一”号测量艇。

江平、江荣、江华、江清、江澄、江宁、江安、江庚、江通、江达、江寿、江康、江裕、江丰、江一—江二十八

江平级炮艇是汪精卫伪政权海军在日本人的协助下于江南造船厂建造的内河巡逻快艇，艇身长 16.5 米，排水量为 17 吨，总共建造数量为 14 艘，主要服役于汪伪南京要港司令部与汉口海军基地部，负责江河巡防，并经常协助日军清乡。

第一艘“江平”号于 1940 年 4 月 9 日下水，第二艘“江荣”于 1941 年 1 月 16 日下水，其余 12 艘于 1941 年底前完成。这些“江”字号炮艇战后有 10 艘由中国海军接收作为巡逻快艇，接收后的艇名与原艇名对照如下：“巡 12”（原“江平”号）、“巡 18”（原“江荣”号）、“巡 17”（原“江华”号）、“巡 11”（原“江清”号）、“巡 70”（原“江澄”号）、“巡 83”（原“江通”号）、“巡 69”（原“江达”号）、“巡 103”（原“江康”号）、“巡 2”（原“江裕”号）、“巡 16”（原“江丰”号）。

江一级炮艇也是汪精卫伪政权海军在日本人的协助下于江南造船厂建造的内河巡逻快艇，都以“江”字号加数字编号来命名。本级艇艇身长 11 米，排水量都是 10 吨，总共制造了 28 艘，担负江河巡防任务。第一艘“江一”号于 1941 年 2 月 18 日完工，其他各艇约在 1942 年以前完成。编配在南京要港司令部、威海卫要港司令部与汉口海军基地部。

这些“江”字号炮艇战后全部由中国海军接收作为炮艇与巡逻快艇，接收后的艇名与原艇名对照如下：“巡 3”（原“江二”号）、“巡 19”（原“江三”号）、“巡 4”（原“江四”号）、“巡 21”（原“江六”号）、“巡 22”（原“江七”号）、“巡 25”（原“江八”号）、“巡 105”（原“江九”号）、“巡 106”（原“江十”号）、“巡 23”（原“江十二”号）、“巡 101”（原“江十三”号）、“巡 71”（原“江十四”号）、“巡 72”（原“江十五”号）、“巡 108”（原“江十七”号）、“巡 107”（原“江十八”号）、“巡 24”（原“江二十”号）、“巡 73”（原“江二十一”号）、“巡 74”（原“江二十二”号）、“巡 14”（原“江二十四”号）、“巡 5”（原“江二十五”号）、“巡 6”（原“江二十七”号）、“巡 102”（原“江二十八”号）。

江平级巡逻艇的下水典礼，位置在浦东，隔黄浦江可见对岸的华懋大厦（今和平饭店）。注意其桅杆上升起的青天白日满地红国旗之上还多了一面黄色的“和平建国”三角旗，这是汪伪政府的旗帜。

汪精卫伪政权海军江平级巡逻艇的服役典礼。

汪精卫伪政权海军江平级巡逻艇的水上列队操演。

鄱阳、惠风、量一级测量艇、平沼、平治、开明

“鄱阳”号测量舰为日本于1939年建造,舰身长45.7米,宽9.44米,吃水2.9米,标准排水量535吨,燃煤锅炉,往复式蒸汽主机,最高航速10节，乘员90人。装备2门25毫米机炮、7挺机枪。本舰战后由中国海军海道测量局接收，改名“青天”号，但后来可能改名为“祁连”号。

另据资料,汪伪海军在1944年2月还曾经获得过一艘560吨级名为“惠风”号的测量舰,详细状况与战后去处不明。还有一艘“平沼”号测量艇的情况也不明。

汪伪政权海军舰艇的特色是有很多测量舰艇，其中量一级（又称G级）共有12艘，其艇身长8米，排水量2.5吨。各艇完成于1944年4月以前，艇长为准尉军衔。本级艇在战后移交给中国海军海道测量局，有记录的为：“量5”改名“测14”号、“量7”改名“测15”号、“量9”改名“测16”号，另外“量8”改名为“焦山”号，还有一艘“平沼”号测量艇的情况不明。

根据中国海军战后接收资料，一艘排水量38吨艇名为“平治”号的汪伪海军炮艇在舟山地区被接收后改名“炮19”号编入海军第四炮艇队，由其吨位及命名方式来看很可能是自民船改装的代用炮艇。另外还有一艘排水量34吨艇名为“开明”号的汪伪政权海军炮艇在上海地区被接收后改名“炮102”号编入海军第九炮艇队，由其吨位及命名方式来看很可能也是自民船改装的代用炮艇。

协力、玉岛、江宣、江扬、江权、海虎

“协力”号是汪伪政权广东要港司令部的旗舰，性能、规格及来源不详，一说为战前广东海军的“海周”号（旧法国扫雷舰，1935年陈济棠购入隶属于广东盐务局为缉私舰，1937年9月14日被日机击沉于珠江虎门）打捞重用，不过这种说法没有确切资料证实。1943年3月27日，“协力”号在广东顺德马宁河曾因触水雷爆炸沉没，舰上的广东要港司令、海军中将萨福畴及其随员七人被游击队俘虏送往重庆，后来都以汉奸罪名被枪决。

“玉岛”号是日军在1941年移交给汪伪广东江防司令部的，可能是被日军俘获的原广东海军炮舰。同一年的10月15日，日军又移交了“江宣”号、“江扬”号、“江权”号三艘炮艇给汪伪广东江防司令部，这三艘炮艇据分析也是日军俘获的原广东海军炮艇，其中“江权”号于1943年3月10日在广东顺德马宁河触雷沉没。“江宣”号排水量为50吨，战后由中国海军接收，改名“炮31”号，隶属广东第六炮艇队。

另有一艘名为“海虎”号的炮艇也隶属于汪伪广东江防司令部，排水量300吨。先在广东某船厂改建，后于1943年5月在香港日本海军第二工作部完成修复，其他情况不明。还有一艘“江绍”号炮艇，排水量60吨，其他情况也不明。

新字号差船、江威级炮艇、江忠级炮艇、江德、和平、建国

汪伪政权海军的差船以“新”字号命名者有:“新元”号、“新巡”号、“新利”号与“新和”号,排水量为25吨,都是小火轮。战后“新元”号、“新巡”号、“新利”号被中国海军接收，分别改名为“差27”号、“差28”号、“差32”号,“新和”号则下落不明。还有一艘“平安”号差船战后被中国海军接收，改名为“差17”号。

江威级与江忠级都是汪伪海军在1943年底建造的炮艇，尺寸比之前的江平级稍大，其中江威级有两艘，江忠级有四艘，但可能在战争结束前都没有完工。

“江德”号是汪伪海军在1943年底建造的运油舰,但可能直到战争结束都没有完工。不过战后中国海军接收的排水量538吨的“永德”号运油舰很可能就是本舰。

汪伪政权海军中有一艘名为“和平”号的军舰完全没有相关资料，目前除了知道1944年服役外一概阙如。还有一艘名为“建国”号的军舰，同样缺乏数据，仅知道是1945年1月服役。虽然这两舰的舰长都是中校军衔，据此推断应该是汪伪政权海军中比较重要的舰只，但却没有更多的相关资料。

汪精卫穿着海军元帅服视察海军学校。其左手边是接替汪精卫出任“海军部长”的任援道，右手边是担任“海军部次长”的姜西园，他当年曾率东北海军三大舰叛逃，南下投奔广东军阀陈济棠。

走在最前方图左的是“海军部次长”姜西园，他在战后被以汉奸罪枪决。图右的是“海军部长”任援道，他在战后居然逃脱了汉奸的制裁全身而退，在加拿大善终。

汪精卫伪政权海军位于上海的海军学校内的课堂上课情形。这所海军学校训练出来的学生素质非常好，但战后国民党政府一纸令下一律遣散。由于觉得可惜，海军后来私下让不少人改名留在海军，部分人到台湾后甚至成为海军高级将领。

汪精卫伪政权海军学校的手旗训练，白色的作业服完全是一派日本风格。

作者姚开阳

本书的文字与插画作者姚开阳家学渊源，祖辈在长江经营轮船公司，家族中很多亲友与诸多中国近代海军历史上的关键人物都有直接的关系。姚开阳本人致力于研究中国海军舰艇超过50年，曾赴英、美、法、日各国搜集相关史料，建立了全球规模最大的中国舰船照片数据库，同时在军事杂志撰写中国军舰史专栏多年，并经常在国内外的学术研讨会上发表论文及演说，是这个领域的重量级人物。

1996年，姚开阳汇集多年研究成果，创立“中国军舰博物馆”网站，成为中文网络博物馆的先驱，在当时也是全球规模最大的网络博物馆。它完全仿照真实的博物馆建置与经营，内容从清代开始直到现在，举凡海军、水警、海关、商船，甚至伪政权、地方势力、游击队等，无所不包，无论是史料的完整性，还是数据量，都无出其右者，从此开启研究中国军舰史的风潮。2010年更创立网络杂志《中国军舰史月刊》。

姚开阳本身还是实体博物馆的设计师。他曾担任2010年上海世博会中国国家馆的创意总监，也是中国馆中台湾馆的创意总监，设计出全息动感《清明上河图》、720度全天域球幕与点天灯祈福等创新项目，在世博会上获得了巨大成功，2012 年更应邀以此为主题在美国博物馆协会的年会上发表演讲。

姚开阳同时也是中国科技馆 4D 电影院（北京）等多个国家级博物馆工程的设计师，并拥有多项展示形式与技术的专利。在海洋馆方面，他曾经担任中国航海博物馆（上海）、中国台湾海洋生物博物馆（屏东）古代海洋电子展示、阳明海洋文化艺术馆（基隆）、海洋探索馆（高雄）等的展示设计师。

不仅如此，姚开阳还亲自学习航海技术，获得机动船驾驶与海上通信救生、重型帆船初阶与进阶等证书。航海的专业训练与实际经验让他比一般纸上谈兵的文史研究者更能深入理解资料背后的意义，更能体会海洋文化的精神。

姚开阳还是个多领域的创作者，包括电影编导、小说文学、专栏评论、美术插画与音乐、表演艺术等多个方面，跨媒体的创作能力使得他无论在海洋博物馆、主题乐园还是电影领域都游刃有余。尤其是结合舰船知识与插画的能力，才能让这本图集得以以现在这样的方式问世。

姚开阳曾担任广告与 3D/4D 电影导演长达 30 多年，许多作品都与航海有关；也曾为多个博物馆与主题乐园设计监造虚拟体验潜水艇系统。他还对近代史特别有兴趣，其所创作的历史小说《中国珍珠》内容横跨整个 20 世纪，篇幅长达 45 万字，对于历史考证的细致程度，曾经让许多人误以为史实而成为论文、著作与媒体所引述的史料依据。

关于本书彩插

在西方的传统海洋国家，航海、海战、海难、舰船等海事主题的画作向来是是一门显学，但是在东方尤其是华人社会，则相对稀少，能够符合专业水平的作品更是罕见。海事画作主要的形式有油画与水彩两种，油画色彩较浓郁，效果比较抢眼，但水彩更能表现海洋的水气透明层次感，也更有典雅的韵味，所以本书的画作都以水彩的方式来呈现。

海事主题画作在西方国家有悠久的历史，当初是由于没有摄影术而不得不以人工描绘现场的方式来呈现。在摄影出现后，有人以为海事画作将全部被摄影取代，事实不然。早年由于摄影工具笨重而且并不普及，很多历史现场没有留下照片；或由于现场环境限制无法拍摄，譬如感光速度跟不上运动速度，以及夜间亮度不足以曝光；或有些角度是摄影无法达成的，譬如海战当中的第三方视角，航空器发明以前的空中俯视——这些都只有靠画家的想象才能呈现。

摄影与画作的不同，就像新闻纪录片与电影的不同，前者是忠实的有闻必录，后者则加上画家的许多想象与美学创作成分，并不是百分之百的真实。画作能够呈现的不仅是现场的客观视觉，更包括主观的心理感觉，以及譬如对空气中水气、灰尘、温度、风向和战斗时火炮、风暴、炽热等的体感，甚至重新布局以求得画面的美感与张力。所以海事画作与摄影是两种不同的媒材，前者比后者更有价值，因为每一幅都是独一无二的艺术创作。

要画出够水平的海事画作除了具备好的绘画技巧外，还得对舰船的细节有深入的了解，尤其是从风帆战舰过渡到蒸汽铁甲舰时代的变化。对于这一点，中国军舰博物馆庞大的图像与技术数据库提供了极大的帮助，唯有通过对不同角度、不同阶段清晰照片的观察，才能掌握舰船精细的结构，与服役过程的变化，即使欠缺数据，也能从其发展轨迹找到类似的舰船数据来佐证推论，而不致在考证上产生硬伤。

除了静态的舰船构造，还得了解船只在海上的运动状态。不同大小与船型的船只在不同的海况下其运动特性是完全不同的，海浪的呈现方式也随之不同。这是许多“陆地画家”最大的罩门。幸好我本身受过机动船与帆船航海的训练，有海上航行经验，比一般画家有更直观的体验。即便如此，还要发挥想象力，在合于科学原理的基础上予以戏剧化夸张，来渲染气氛。海事画作还得对大海上阳光与空气、水气、烟尘之间交互的影响有深入研究。就蒸汽铁甲舰来说，烟囱冒出的煤烟与火炮发射黑火药产生的烟尘会对阳光的色彩产生影响，造成复杂的色彩变化。画家会巧妙地运用这个原理来让画作呈现瑰丽的浪漫气氛，我们看欧洲古典战争油画，譬如拿破仑的滑铁卢之役就会发现这个特点。对于操纵光的魔术，电影从业者最为擅长，刚好我是电影导演出身，拍广告片的经验超过 20 年，多年的外景经验让我对阳光、水气、烟尘交互对色温的影响特别敏感，更学会如何用镜头呈现甚至在现场并不存在的氛围来感动人，这一经验是传统画家较难具备的。事实上我的海事画作更像是电影，只不过它是静态的。

现在有人以为用计算机 3D 来做海战场景可以取代传统画作，你若比较过两种作品恐怕就不会这么认为。计算机 3D 容或可以把舰船的型体做得非常准确，但仅此而已，若不能加上前述元素，就会成为很机械刻板的工程画，最多做到写实，而无法呈现作者主观的心理意象，谈不上是艺术创作，有时甚至连写实都不能完全办到。譬如前述古典海战中煤烟与黑火药发射造成的烟尘，以及船只被击中燃烧的浓烟使阳光与色温发生的变化，或是万吨巨舰在大风浪中劈浪前进，巨浪扑上舰艏，水花从锚眼中喷出，这些都是实际存在但计算机很难仿真的。

不过我们仍然会使用计算机来协助水彩画创作，但是以 2D 而非 3D 为主，因为水彩多层次的透明感通过计算机的精密调整能够达到最佳的效果，也容易修正错误，让失败率降低，而且有些劳动力密集的工作可以通过计算机来分担，让画家专注于更有价值的创作，增加产出效率，否则不可能累积这么多的画作来出版。

我并不想把本书归类为军事，而是希望大家把它当成一本有收藏价值的绘本，把战争与武器转化成具有艺术品位、梦幻浪漫的美图，让女性与亲子读者也都喜欢。这本书的确有收藏价值，因为在中文市场几乎没有看到过类似的书籍出版，有其稀有性。这是当然，因为能同时具备以上所有条件的画家实在很稀有。

海事历史插画家

姚开阳